U0173034

沙永玲 / 主编　陈文炳 / 著　胡瑞娟 / 绘

電子工業出版社
Publishing House of Electronics Industry
北京·BEIJING

写给家长和老师

当数学变得有趣，能力自然提升

陈文炳

长久以来，数学教学最令人诟病的是“学这么多，算这么多，除了应付考试之外，一点乐趣及用处都没有”。的确，这样的情形，不仅让教师、家长感到无奈，也让孩子感到无趣，渐渐地，孩子学习数学的兴趣与信心慢慢消减，而老师也只能感叹孩子的数学能力一年不如一年，任凭这样的情况一再恶化，却也束手无策。

鉴于此，笔者本着对数学教育的热爱及个人多年的教学经验，将中年级学生应学习的内容融会贯通后，依据该年级学生的掌握程度，整理归纳相关知识，由浅入深地编排，且将数学概念与生活相结合，相信只要孩子有心学习，在本书的引导下，数学水平及解决问题的能力必能大幅提升。

本书共有6个单元，每个单元都包含以下5部分。

依据单元主题，搭配古今中外大家耳熟能详的故事或知识来引起孩子学习的兴趣，让孩子以看故事的心情，轻松地进入数学世界。

“现在就出发”将故事或知识延伸，以文中所遇到的问题，进一步将数学概念与该问题结合。

“数学好好玩”根据单元主题，设计生活情境，借此引导孩子将本单元的数学概念融入日常生活中，达到学以致用的目的。

四

“遇到大考验”提供更多有关该单元的数学问题，让孩子学的知识能得到应用。这一部分的题目较难、较灵活，也具有挑战性，建议家长或老师陪伴或引导孩子学习。

五

“终点加油站”将单元中相关的知识贯穿起来，使孩子在学习该单元内容遇到困难时，能立即知道如何找回旧经验；倘若学习该单元内容得心应手，也能在学习之后，知道下一步可以进阶哪些内容。

此外，在6个单元之后，进阶篇“手脑并用，熟能生巧”提供了一些练习题，让孩子通过习题的练习，在短时间内，熟悉及理清该单元的概念，并强化应有的基本数学演算能力。

最后，衷心期盼这本书能让孩子学得快乐、有意义，教师能活化教材内容，家长也能同步成长，为培养孩子的数学能力略尽心力。

写给小朋友

你贴心的数学朋友

陈文炳

故事常常可以丰富你的生活，也能为你提供很多为人处事的经验和意想不到的惊喜，有这么多好处，相信你一定很喜欢听故事。

然而，若问是否喜欢学数学，相信喜欢学数学的人一定比喜欢听故事的人少很多。其实，数学并没有你想象中那么可怕，更不是那么乏味、无趣，只要你有心学习，并且善用这本书，不久之后，你的数学成绩不仅能大幅提升，更能让数学和你像朋友一样亲密。

这本书共有6个单元，每个单元都包含以下5个部分。

第一部分是一个有趣的故事或知识，让你先放松心情，轻松进入数学世界。

第二部分是“现在就出发”，对故事的内容提出一些问题，轻松作答。

第三部分是“数学好好玩”，它配合单元主题，设计生活情境，让你如名侦探柯南般身临其境，解决相关的数学问题，大显身手，学以致用。

第四部分是“遇到大考验”，这一部分题目较难、较灵活，也较具挑战性，若能过关，相信你一定能从中享受学习数学的乐趣及成就感。

“终点加油站”是本书的第五部分，这部分让你清楚了解本单元数学概念的“前世”与“未来”，建立连贯性。

在6个单元之后，进阶篇“手脑并用，熟能生巧”则提供了一些练习题，你只要用心练习，就一定能具备应有的数学能力，奠定良好的数学基础。

“成功垂青于努力的人”“天才不是偶然出现的，只有努力才能成为天才”“不要去羡慕别人有多行”“不怕慢，只怕站”，只要你够努力、能坚持，数学将不再是你心中的“小怪物”，而是你贴心的“好朋友”。

目录

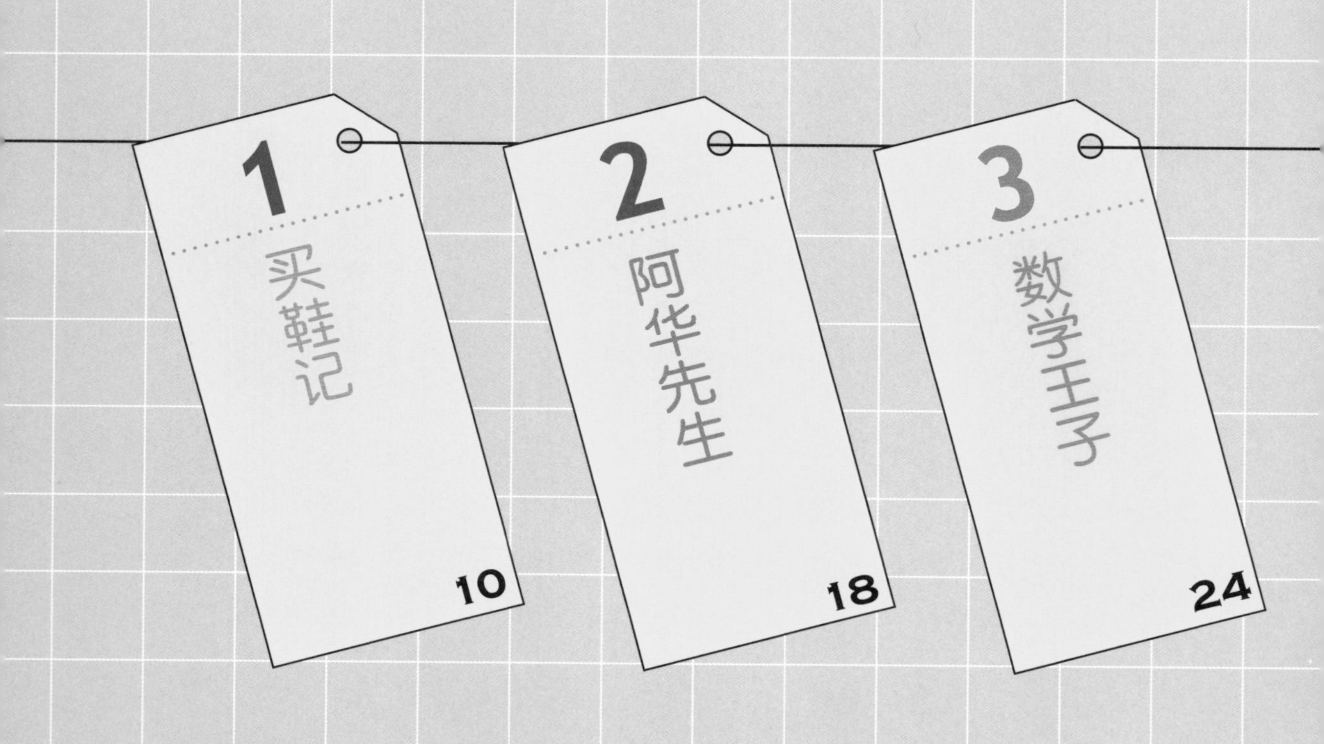

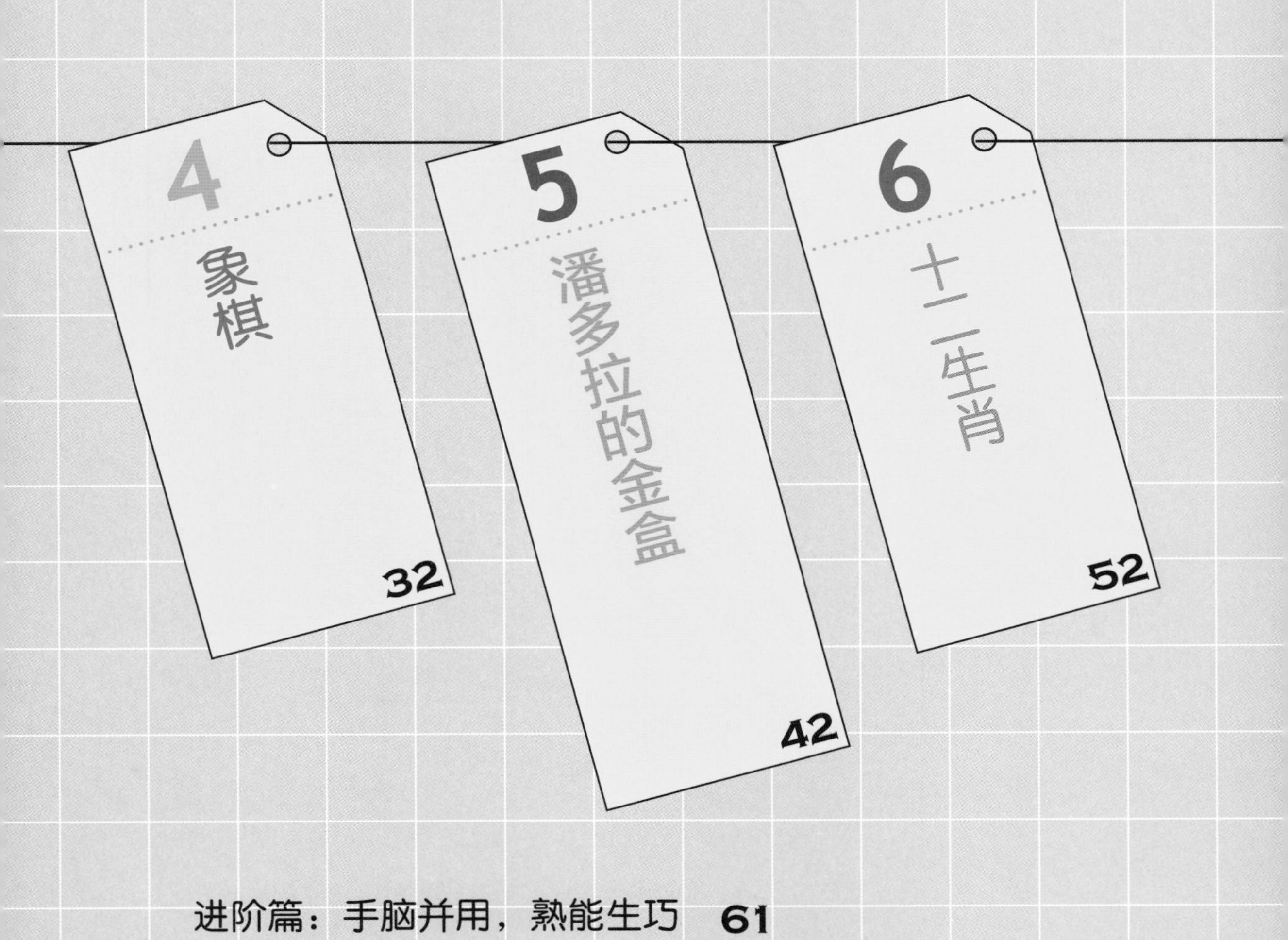
4
象棋
32
5
潘多拉的金盒
42
6
十二生肖
52

1 买鞋记

从前，有个人想要到市场上去买鞋。他出门前，先在家中用绳子量了量脚的长度，然后再将绳子剪成和脚的长度一样长，并将绳子放在椅子上，准备在买鞋的时候一起带走。但由于匆匆出门，他忘了将这条剪好长度的绳子带走，就直接往市场上去了。

到了卖鞋子的地方，各式各样的鞋子应有尽有，看得人眼花缭乱。这个人好不容易挑选到了最满意的样式，当他准备拿出事先量好的绳子，用它来比比看鞋子的大小是否合适时，翻遍全身，就是找不到这条绳子。仔细回想了一下，他才发现原来自己出门时忘了带绳子。因此，他急急忙忙把鞋子还给老板，说声抱歉，就赶紧跑回家找绳子去了。

等到他找到绳子赶回市场时，卖鞋的老板早已收摊，鞋子也就没有买成。

这时，有人很好奇地问他："你是在帮谁买鞋子呀？"

他说：“我的鞋破了，所以我到这里来，是为了帮自己买双新鞋。”

又有人问他：“既然是为自己买鞋，那你为什么不直接用自己的脚来试试看，还非要跑回去拿绳子呢？”

他语气坚定地说：“我宁可相信量好尺寸的绳子，也不相信自己的脚！”

看完这个故事，你有何感想呢？是不是觉得这个买鞋的人好像有点呆，居然不知道用自己的脚去试穿鞋子才是最准、最可靠的方法呢？

现在就出发

★取量鞋子的那条绳子长度的$\frac{1}{3}$，用长尺量量看。那么这条绳子原本的长度是多少厘米？又等于多少毫米？

$\frac{1}{3}$绳子长

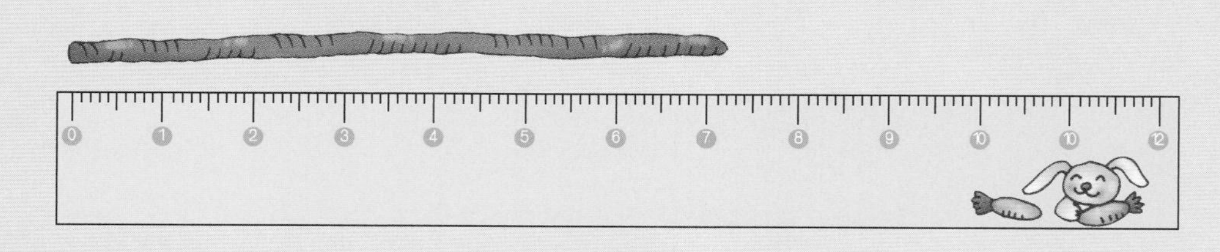

答：（1）（　　　　）厘米　　（2）（　　　　）毫米

数学好好玩

过年期间，东东的爸爸带着全家人一起到外地旅行，三天两夜的家庭聚会让他们共享了温馨幸福的休闲时光，不仅培养了亲人间的感情，平日的压力也获得纾解，真是一次令人难忘且充实的假期。在这次旅行中，他们做了一些活动规划与行程安排，东东很用心地记下了这三天的生活点滴。你想知道东东记了些什么内容吗？“数学好好玩”的时间到了，拿起笔来一起算算看，就能了解哦！

❶ 第一天行程：

（1）爸爸开了80千米到达甲地，80千米就是（　　）米。

（2）到达甲地时已经是午餐时间，弟弟打开餐桌准备野餐，这个餐桌的面积是2平方米，2平方米是（　　）平方厘米。

（3）用完午餐，睡个午觉后，开始爬高2789米的山，2789米是（　　）千米（　　）米，也就是（　　）千米。

（4）晚上住当地旅馆时，妹妹用彩纸剪出如右图所示的船，船的面积是多少平方厘米？

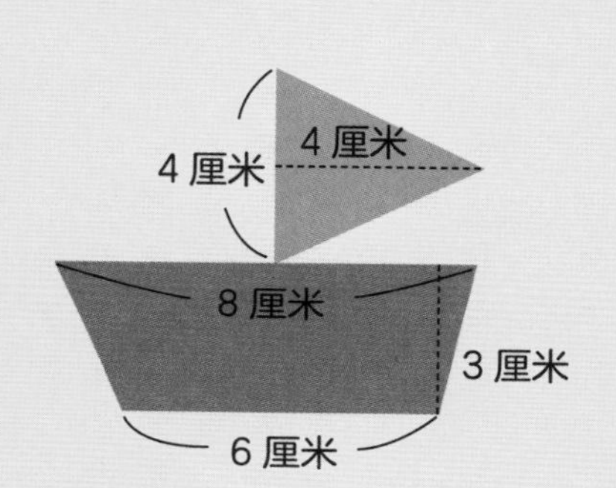

答：

❷ 第二天行程：

一大早，全家人去参观果园，这个果园种植着各种不同的果树，其中龙眼的种植面积是89平方米，芒果的种植面积是1230000平方厘米。

（1）89平方米＝（　　）平方厘米。

（2）1230000平方厘米＝（　　）平方米。

（3）龙眼和芒果的种植面积相差（　　）平方米。

❸ 第三天行程：

（1）吃完早餐，全家就往乙地前进，沿途看到一辆长805厘米的货车，805厘米是（　　）米（　　）厘米。

（2）在前往乙地的途中，行驶在高速公路上看到如下图所示的标志。这个标志表示离服务区还有（　　　　）米。

（3）过了服务区以后，爸爸以时速90000米的速度前往乙地，也就是以时速（　　　　）千米的速度前进乙地。

（4）在乙地玩完以后，一家人准备回家。沿途参观了一家美术馆，里面陈列了8幅名画，每幅名画的面积都是20000平方厘米，这8幅画的面积总和是（　　　　）平方米。

（5）回到家以后，东东拿着行李走进自己的房间，房间地板的每块地砖造型及大小如下图所示，黄色面积是多少平方厘米？

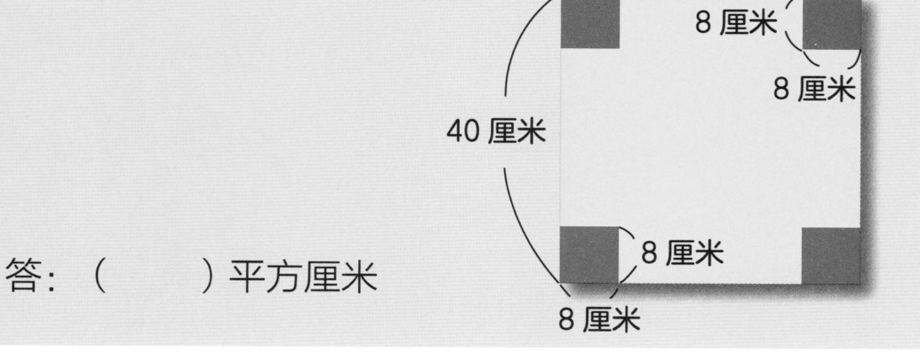

答：（　　）平方厘米

（6）以下是这3天行程的路线。算算看，共走了多少千米多少米？

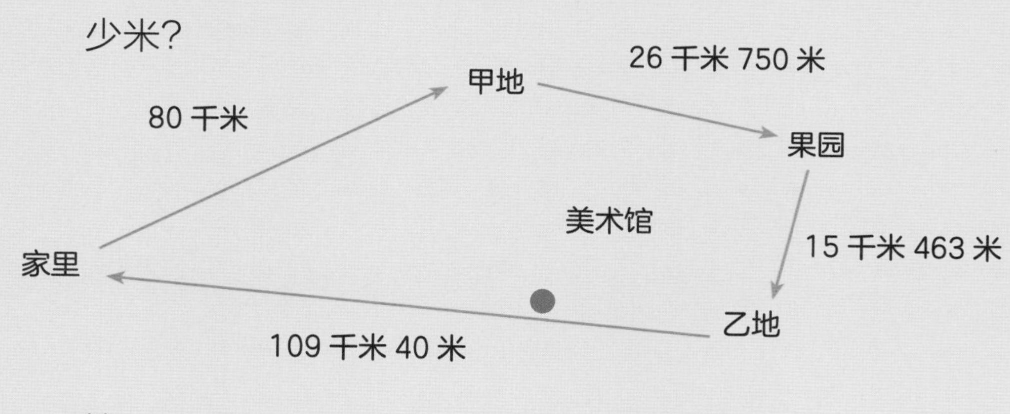

答：

遇到大考验

❶ 以下是东东家附近的地理环境。

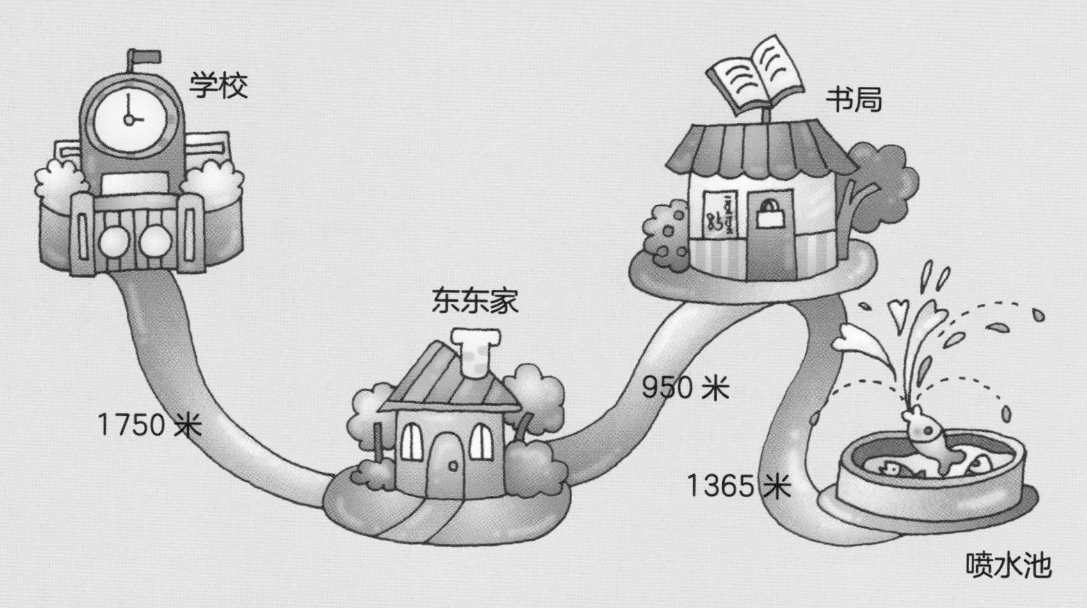

（1）东东从家里到学校来回一趟要走多少千米？

答：

（2）从东东家经过书局再到喷水池要走多少米？

答：

（3）东东从家里到学校和从家里到书局，哪一段路的距离较近？两者相差多少千米？

答：

❷ 黄色部分的面积是多少平方厘米？

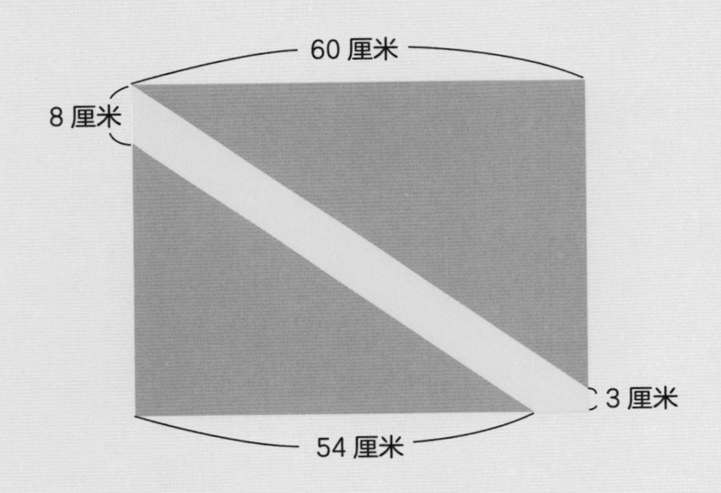

答：__________平方厘米

❸ 下图是由火柴棒排成的图形，假设每个小正方形的面积都是1平方厘米，试着回答下列问题。

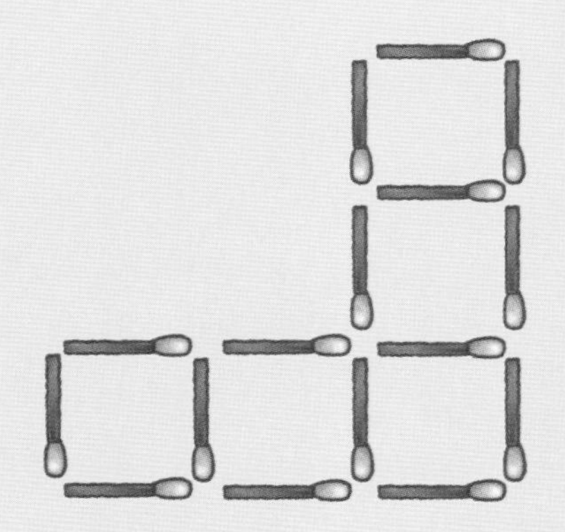

（1）所有的小正方形加起来的面积是（　　　　）平方厘米。

（2）请移动两根火柴棒的位置，使上图变成4个大小相同的正方形。

终点加油站

小朋友，在学习这个单元的内容时，是否觉得力不从心？没关系，花点时间，复习以下内容，将使你的IQ不再打结：

★ 认识刻度尺，了解长度和面积的意义

★ 正方形、长方形、三角形、梯形、平行四边形面积的公式

如果你觉得学习本单元的内容轻松、容易，没有任何负担，建议你参考以下内容，将使你的IQ获得升级：

★ 解决各种复合图形面积的问题

★ 立体图形的性质

大数的认识：读写、改写、比较大小

2 阿华先生

民间流传着这样一个令人深思的故事。

有一位年轻人名叫阿华，他生在富贵人家，因是家中的独子，父母对他纵容溺爱，从小就养成了挥霍的习惯。阿华整天无所事事，过着没有节制的生活。

阿华安逸惯了，并且没有一技之长，因此父亲在临终前对他相当挂念，遗嘱中还特别准许他在缺钱的时候，可以将家里值钱的东西一一变卖。唯一要他注意的是，家里后院那块100平方米的田地，绝对不能卖，因为那块地的底下埋了很多黄金，如果日子真的过不下去，可以将黄金挖出来。

父亲去世后，阿华没多久就把家中可以卖的东西全部卖光了，只剩下父亲交代不能卖的那块地。这时候，阿华已经没有钱可以买东西吃了，也没有房子能够遮风避雨。因此，他带着工具来到后院挖黄金。挖啊挖啊，挖了很久，怎么挖也挖不到父亲埋藏的黄金，这样的结果令阿华既沮丧又气愤。

就在这个时候，天空忽然下起了倾盆大雨。雨停后，阿华看到邻居都在挖田地，土挖松后就撒下麦种。看到别人都这样做，他也学人家撒些麦种，并且每天用心地照顾。不久之后，田里长出了麦芽，并且越长越高。阿华看了很高兴，连日来的辛苦总算有了收获！

一天早上，太阳刚刚升起，阿华走到田地里，居然看到一大片金黄色的麦穗，它们在阳光的照射下多么像遍地的黄金啊！这时，他才明白父亲在遗嘱中所说的黄金是什么。

阿华哭了，他深深地感受到了父亲的良苦用心，也为自己过去的放荡而后悔。

现在就出发

★ 如果阿华卖掉的家产共计294329876元。算算看，将294329876元用四舍五入法，分别取到百位、万位、百万位，各是多少元？

原来的数	294329876 取到百位	294329876 取到万位	294329876 取到百万位
四舍五入法			

数学好好玩

星期日，东东家附近的大卖场开业，经过前期的大力宣传，开业当天人山人海，把东东家附近的道路挤得水泄不通，好不热闹。根据当天店员的实际统计，一共有123541人次进场购物。

东东要求雨涵、峻贤和小霖3个人使用估数来表示当天进场参观的盛况。你想知道他们3个人用“四舍五入法”分别取到哪一位吗？“数学好好玩”的时间到了，拿起笔来一起算算看，就能了解哦！

❶ 依据所取估数，写出正确答案（注意：3个人所用的方法都不同）。

（1）雨涵：约为 123500 人。

是用四舍五入法取到（　　　　）位得到的结果。

（2）峻贤：约为 120000 人。

是用四舍五入法取到（　　　　）位得到的结果。

（3）小霖：约为 124000 人。

是用四舍五入法取到（　　　　）位得到的结果。

❷ 6盒葡萄干卖547元，那么平均一盒约为几元？（以四舍五入法取到十分位）

答：

❸ 一张随身光盘特价199元，陈老师买31张，约花了5000元、6000元还是7000元？

答：

❹ 面粉每1000克装成一包，东东需要28512克，最少要买几包？这几包面粉的总重量是多少克？

❺ 下表是大卖场开业当天各部门的营业额。以万为单位，用四舍五入法取估数时，各是多少万？

部　门	营业额	估　数
家　电	2439875	万
餐　饮	3987612	万
服　饰	5012346	万
家　具	8971290	万
日用品	10650298	万

❻ 家电部门营业额是2439875元，家具部门营业额是8971290元，先用四舍五入法取到千位，再算算看。

（1）两部门收入加起来大约是多少元？

（2）两部门收入大约相差多少元？

遇到大考验

❶ 一台液晶电视卖25790元，学校订购32台。若以95折付款，至少要准备几千元钞票？

❷ 大卖场顶楼是长95.81米、宽58.38米的长方形餐厅。先用四舍五入法取到个位，再算出餐厅面积大约是多少平方米？

❸ 参加开业庆典抽奖的人数，以四舍五入法取到百位后为7300人。请问：最多可能是多少人？最少可能是多少人？

终点加油站

小朋友，在学习这个单元的内容时，是否觉得力不从心？没关系，花点时间，复习以下内容，将使你的IQ不再打结：

★ 数的估算

★ 数的计算

如果你觉得学习本单元的内容轻松、容易，没有任何负担，建议你参考以下内容，将使你的IQ获得升级：

★ 百分比的换算

四则混合运算：认识与解题

3 数学王子

19世纪有一位数学家，他以辉煌的研究成果，不仅与阿基米德、牛顿齐名，更被后人誉为“数学王子”，由此可以看出他在数学上的巨大贡献。他到底是谁呢？原来，他就是德国著名的数学家高斯。

高斯在德国的一处农庄里出生，祖父是农民，父亲从事园艺工作，母亲则是石匠的女儿。由于家境贫寒，父母并没有受过什么教育，而父亲一直认为“只有力气能赚钱，学问对穷人没有用”，只希望长大后的高斯和自己一样就好了。但高斯的舅舅见识广博，常常鼓励高斯努力进取，对他相当照顾，还把所知道的知识全部传授给他。

因为家里穷，为了节省照明用的燃料和灯油，冬天在吃完晚饭后，爸爸就会要求高斯上床睡觉。可是高斯很喜欢看书，每到夜晚，他就将一种植物的中心挖空，塞进棉布当作灯芯，然后淋上油脂点燃。在微弱的光亮下，他专心看书，一直读到累了才会钻入被窝睡觉。

上小学的时候，数学老师是城里来的布特纳老师，这位老师相当瞧不起穷人家的孩子。他总是认为穷人的孩子都是天生的笨蛋，教导这些孩子根本不用太花心思，所以动不动就会用鞭子惩罚这些学生。

有一次布特纳老师进入教室后，便在黑板上出了一道数学难题：$1+2+\cdots+99+100=?$

写完题目后，他跟学生们说："算完这一题的同学才可以下课，算不出来，就不要回家。"说完，他便轻松地看小说去了。

想不到，没过多久，高斯便把做法以及答案"5050"写在小石板上了，并把小石板拿给老师看。老师看完后吓了一跳，心想："怎么可能会有学生这么快就把答案算出来了呢？"

高斯在数学方面的才智震惊了老师，也冲击了老师瞧不起穷人的心，并让老师认识到穷人的孩子并不笨的事实。从此以

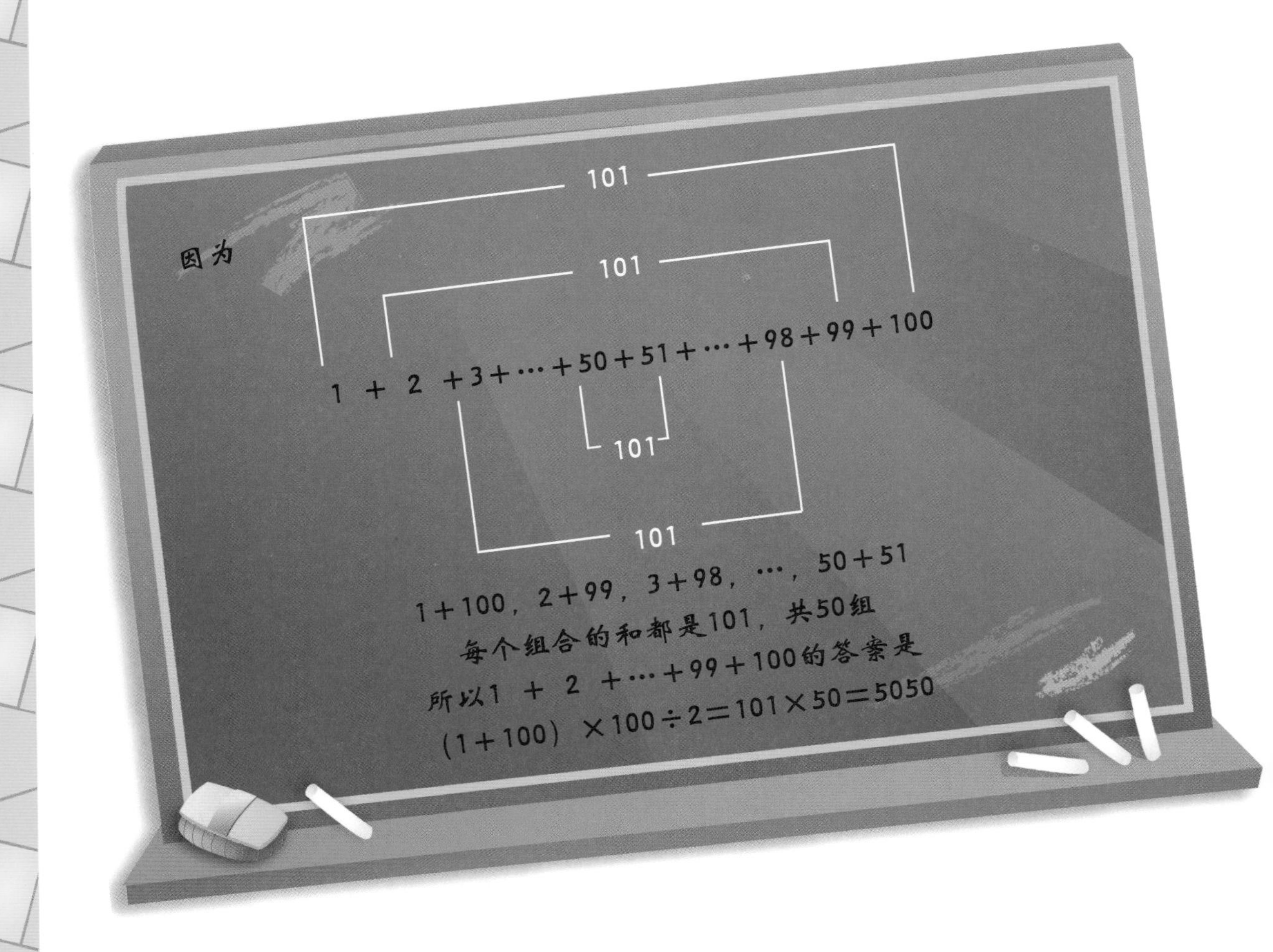

后，高斯在布特纳老师的教育下，学习了不少知识。但很快，布特纳老师觉得自己已经没有能力再教高斯，就自掏腰包从城里购买数学书送给他，让他自己研读。当时，高斯和助教巴特尔斯往来密切，高斯常常和他一起学习和讨论相关的数学内容，并且经过他的介绍，认识了卡洛林学院的齐默尔曼教授。之后由齐默尔曼教授引荐，见到了费迪南公爵。

高斯的数学天分受到费迪南公爵的青睐，公爵决定在经济上提供帮助，让高斯有机会接受更高深的教育。后来，高斯离开家乡到哥廷根念大学。由于他在语言和数学方面都有很高的造诣，使得他为了是选择继续研究古典文学还是数学一事而大伤脑筋。这时候，一个困扰着数学家两千多年“用没有刻度的尺和圆规画出正十七边形”的难题，被高斯解开了。这个成就让他十分兴奋，因此他选择了数学系，决定一生研究数学。

高斯虽然在数学方面有很高的地位，但他个性保守，生活俭朴，智多言少，不爱出风头，工作相当谨慎，对于自己不满意的论文，绝不轻易拿出来发表。他曾经说过：“宁可少发表，也要保证发表的东西一定是好的。”“简而精”是他终生奉行的座右铭。

据说，高斯去世之前，曾表示希望在他的墓碑上刻上正十七边形，以纪念年轻时的重要发现。但最后并没有实现，原因是负责刻墓碑的师傅认为刻出的正十七边形，每个人都会认为它是一个圆。

现在就出发

★ 应用高斯的方法，求出1＋2＋3＋…＋199＋200的值。

数学好好玩

快过年了，东东一家人到年货街购物，准备迎接新春。年货街的食品应有尽有，越接近年关，各家商店生意越兴隆，采办年货的人也越来越多，好不热闹！你们想知道东东一家人采办年货的情形吗？“数学好好玩”的时间到了，拿起笔来一起算算看，就能了解哦！

1. 为增加热闹的气氛，年货街在全长200米的道路上插上了旗子，借此吸引人潮，如果每隔10米插一面旗子，道路左边第1面旗子到第6面旗子的距离是多少米？

答：

❷ 妈妈买了两包鱿鱼丝，重量分别为10.3千克和$8\frac{1}{5}$千克，将这两包混合在一起后，全部平分成4小包，每小包鱿鱼丝是多少千克？（最后答案化成小数）

答：

❸ 爸爸买每千克160元的黑猪肉香肠$3\frac{1}{2}$千克，妈妈买每千克120元的蒜味香肠$3\frac{1}{2}$千克，爸爸比妈妈多花多少元买香肠？

答：

❹ 原本30千克香菇卖2970元，老板为了吸引更多的人，以25千克2200元的价格销售，也就是1千克便宜多少元？

答：

❺ 东东和哥哥合买每千克90元的糖果8千克、每千克60元的糖果5千克，两人各付一半，一人要付多少元？

答：

❻ 妈妈买了3包大鱼丸，每包装有20颗，在除夕夜煮了1包半又5颗，还剩多少颗大鱼丸？

答：

❼ 爷爷、奶奶采买年货时，两人各花掉装有1200元的红包6个，两人一共花掉多少元?

答:

❽ 过完年后，东东的存钱罐只剩下500元，姐姐的存钱罐只剩下300元，如果东东每天存10元，姐姐每天存20元，存到第几天，姐姐的钱总数会和东东一样?

答:

遇到大考验

❶ 用1.5米的绳子围成正三角形2圈后，还剩下0.3米。请问：这个三角形的边长是几米?

答:

❷ 请在□中填入正确的＋ − × ÷ 。例：0＝33 [−] 33

（1）1＝33 □ 33

（2）2＝3÷3 □ 3÷3

（3）3＝3＋3 □（3−3）

（4）4＝（3 □ 3＋3）÷3

（5）5＝（3 □ 3）÷3 □ 3

（6）6＝3＋3 □ 3−3

（7）7＝3＋3＋3 □ 3

（8）8＝33÷3 □ 3

（9）$9=3\times3+3\square3$　　（10）$10=3\times3+3\square3$

③ 下图中，排成1层需要1个积木，排成2层需要3个积木，排成3层需要6个积木，排成4层需要10个积木，以此排法，排成20层需要几个积木？

1层	2层	3层	4层	5层

答：

小朋友，在学习这个单元的内容时，是否觉得力不从心？没关系，花点时间，复习以下内容，将使你的IQ不再打结：

★加、减、乘、除的计算

终点加油站

如果你觉得学习本单元的内容轻松、容易，没有任何负担，建议你参考以下内容，将使你的IQ获得升级：

★未知数的列式与解题

4 象棋

象棋的由来众说纷纭，有一种说法是楚汉名将韩信发明的。

相传，刘邦击败西楚霸王项羽建立西汉后，功臣韩信反而被当时的皇后（人称“吕后”）诱捕入狱。由于韩信的兵法运用灵活，指挥军队作战高明，他战必胜、攻必克的英勇事迹令人佩服。在牢狱期间，有一个十分敬重他的狱卒对他说：“恳请韩将军教我用兵之法，以后有机会我将为将军扬名，让您的兵法一代一代传下去。”

刚开始，韩信不太愿意答应，但在狱卒一再请求下，韩信

最终还是答应了。他在地上画了一个大方框，方框的两边分别代表敌我两阵，中间以一条写有“楚河　漢界”字样的界河隔着，两方各有一些被当作棋子的小纸片。

狱卒看了之后，觉得很纳闷，便问韩信：“先生，这是您要传授我的兵法吗？”韩信语气坚定地说：“你不要小看这个大方框，它可是一个能容纳千军万马的战场。一方的小纸片，只要上下一心、相互配合、统盘筹划，以不变应万变，必能百战百胜，当你精通这些道理之后，任何兵事都难不倒你了。”韩信教完狱卒用兵之道后，狱卒跪地拜韩信为师，终日在狱中学习领悟，潜心研究。

后来，韩信被吕后害死，狱卒将此用兵之道带出牢狱，并让它流传开来，发展至今，成为大家所喜爱的“象棋”。

经过人们的不断规范与改善，现在我们常见的象棋，棋盘是由9条竖线和10条横线组成的，中间以“楚河　漢界”或“观棋不语真君子　起手无回大丈夫”等字样相隔，棋子被摆放在这90个交叉点上，一个点只能摆一个棋子，不可重叠。进行棋赛时，活棋子只能在棋盘上活动，死棋子则必须取出棋盘外，置于一旁。进行棋赛时，双方轮流移动一个棋子一次，一直到分出胜负为止。关于双方棋子数、排法及不同棋子走法等规范叙述如下：

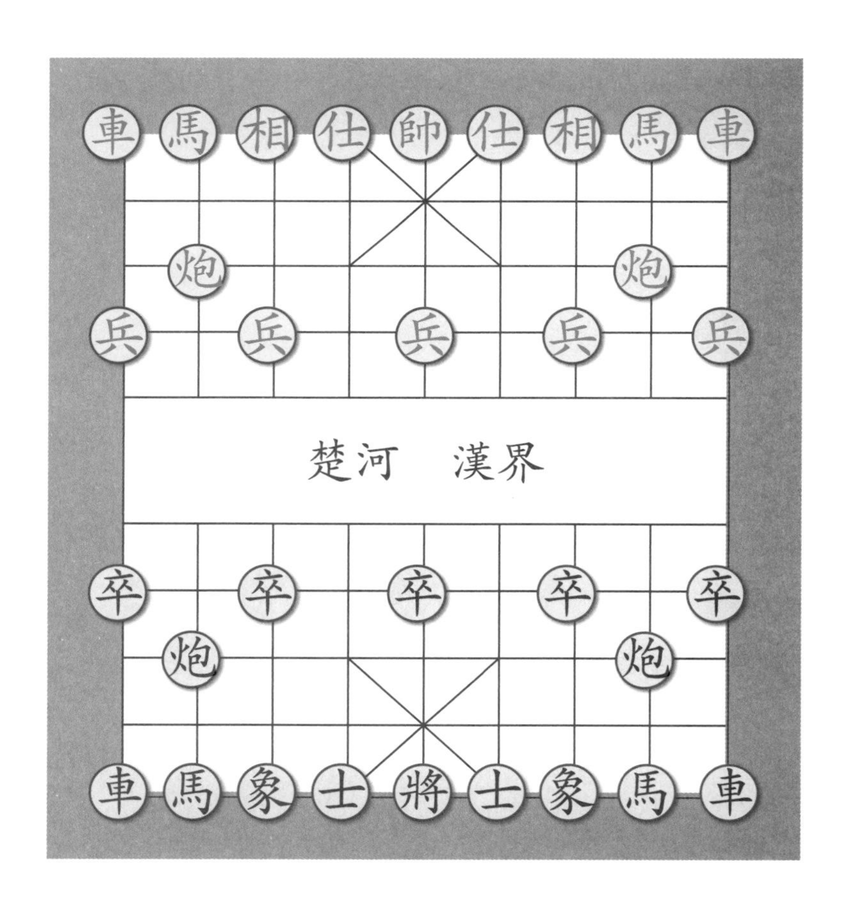

黑方	红方	子数	走　法
將	帥	1	在田字形的“九宫格”里横走或直走，一次只走一点，一旦“將”（“帥”）被擒就输了；另外，还有一个规定就是“將”与“帥”不能在同一直线上直接照面，如被迫照面则输。
士	仕	2	在田字形的“九宫格”里只能斜线行走，一次只走一点；它的任务是保护“將”（“帥”），因此只能在“將”（“帥”）的附近活动。
象	相	2	只能在己方领地内活动，不可过界河，一次走一个田字形，共有7个点可行走，当田字形中央有棋子（俗称“塞象眼”）时，则不能往该方向行走。
車	車	2	可分为直走和横走，一次走一步，一步的距离不限点数，只要中间没有其他棋子挡着，皆可直接到达目的地，若行进方向有棋子挡着，便无法越过该棋往前走，该棋若是敌方，可以吃掉该棋，若是己方，则在该棋之前停下。
馬	馬	2	一次走一个日字形，日字形内侧中央有棋子（俗称“拐马脚”），则该马无法越过该子走日字。
炮	炮	2	走法和“車”一样，可以横走和直走，但不能直接吃子，如果要吃子，必须隔着另一个棋子。
卒	兵	5	一次一点，有进无退，在过界河后，便可向左或向右行走。

象棋长久以来深受人们喜爱，是坊间茶余饭后的常见消遣，更是增进思考和分析力的游戏之一，有兴趣的同学不妨试试！

现在就出发

★ 市场上的象棋棋子大多是圆形的，将棋子的外形描绘在纸上如右图所示。

（1）要如何找出此圆的圆心？

（2）量一量，算一算，圆周长及圆面积各是多少？

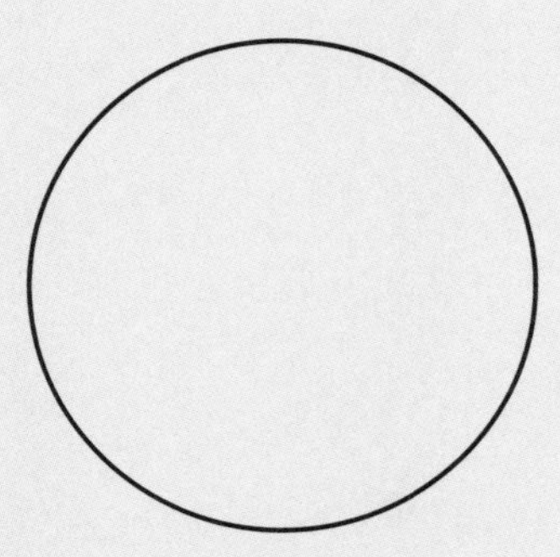

数学好好玩

东东学校的象棋社成立至今已有10年，为了迎接社庆的到来，教务处特别组织了象棋比赛，邀请各班高手共襄盛举。你们想知道这次象棋比赛的情形吗？“数学好好玩”的时间到了，拿起笔来一起算算看，就能了解哦！

1 图一是学校的位置图，东东依图示到学校参加比赛（每一格都是100米）。

（1）东东家的位置在（　　　　　）。

（2）东东家和警察局的位置在同一列还是同一行？

答：（　　　　　）

（3）学校与警察局的位置在同一列还是同一行？

答：（　　　　　）

（4）学校的位置在第（　　　）列第（　　　）行。

（5）东东从家里出发先向北走700米，到达（　　　　），再向东走（　　　）米，就会走到学校。

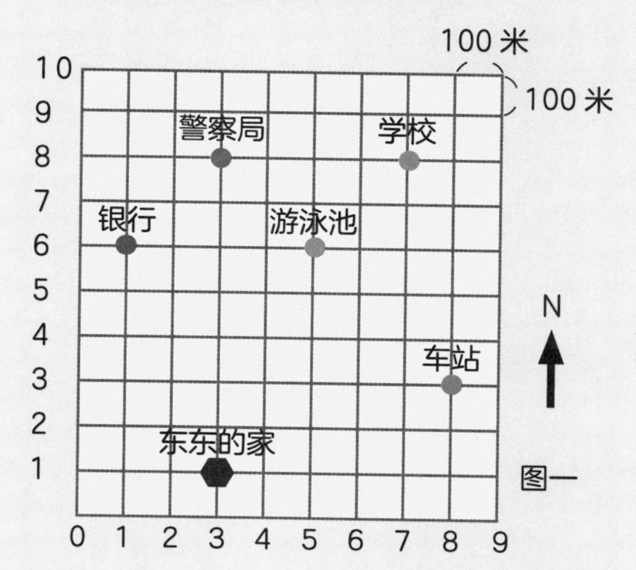

❷ 比赛场地在学校的活动中心。活动中心两侧各有一个半圆，而中间是一个长方形，如果活动中心外围总长是400米。

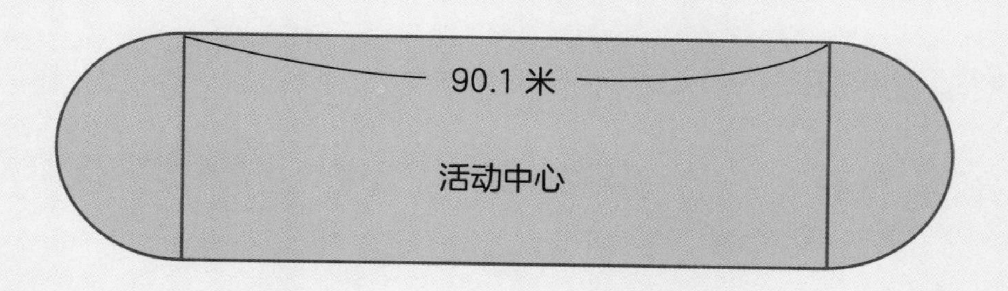

请问：

（1）半圆直径是多少米？

（2）整个活动中心的面积是多少平方米？

3 比赛时，选手需先将棋子排成右图所示的样子（用数对表示）。

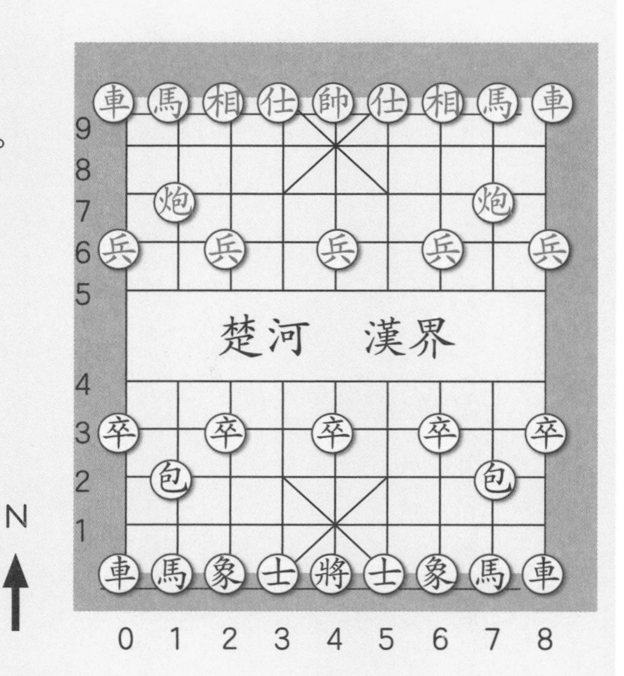

（1）写出5个兵所在的位置。

（　　）（　　）

（　　）（　　）

（　　）

（2）哪一颗棋子在（0，3）的位置上？（　　）

（3）在原点的是哪一颗棋子？

（　　）

4 看图回答问题。

（1）在右下图中，象从位置甲移到位置乙，也就是从第（　　）列第（　　）行【用数对记成（　　）】往（　　）方移到第（　　）列第（　　）行【用数对记成（　　）】的位置上。

（2）馬从位置丁移到位置丙，也就是从第（　　）列第（　　）行往（　　）方移到第（　　）列第（　　）行的位置上。

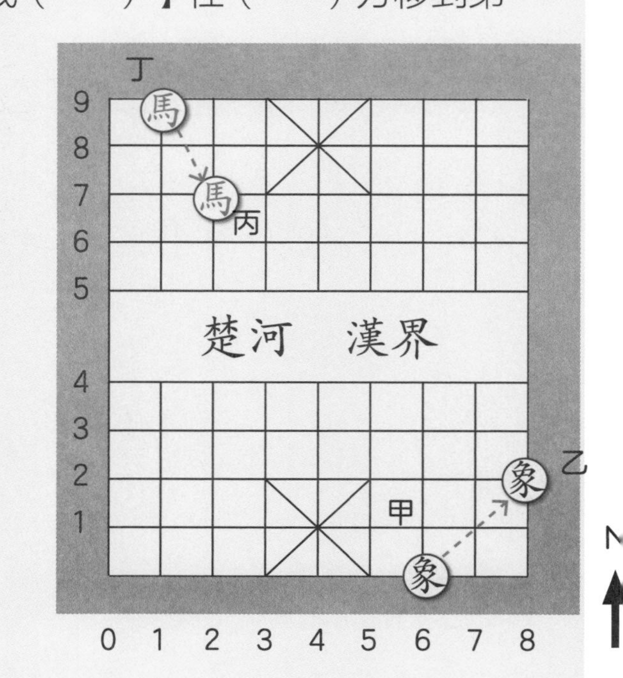

5 在左下图中，请问將要从数对（　　　）移到数对（　　　）或（　　）才不会被車吃掉。

6 在右下图中，馬吃掉卒后，馬的位置会由数对（　　　）移动到数对（　　）。

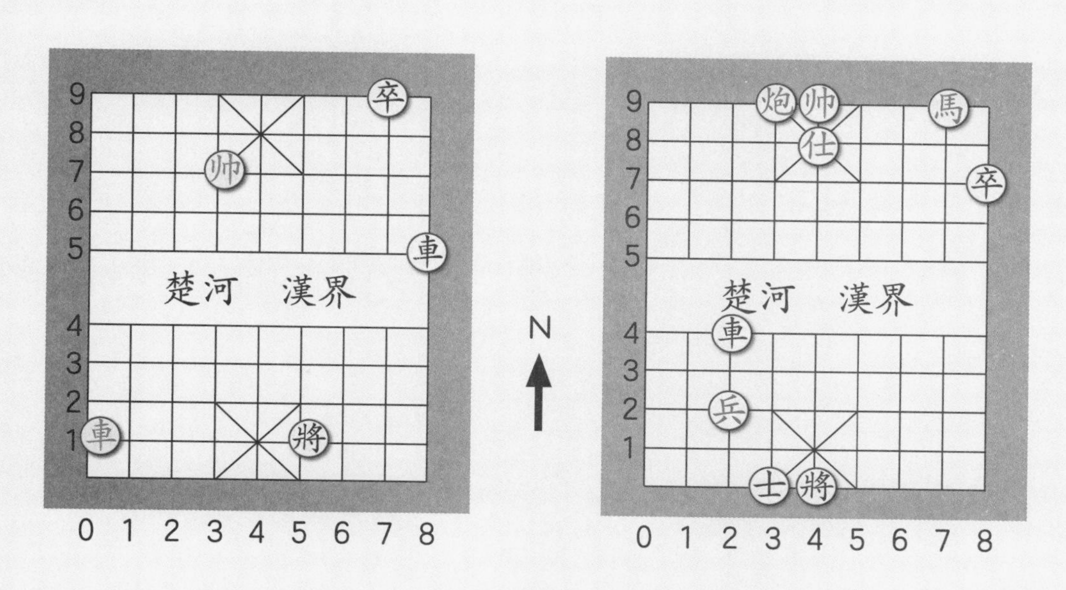

7 为了鼓励同学们参加比赛，学校家长会特别赠送每位参赛者一份精美的纪念品。此纪念品的外形是一个半径20厘米的圆柱体，经过包装，最后用彩带绕2圈，并用26.3厘米的彩带打一个蝴蝶结。请问：一份纪念品用掉的彩带是多少厘米？

答：

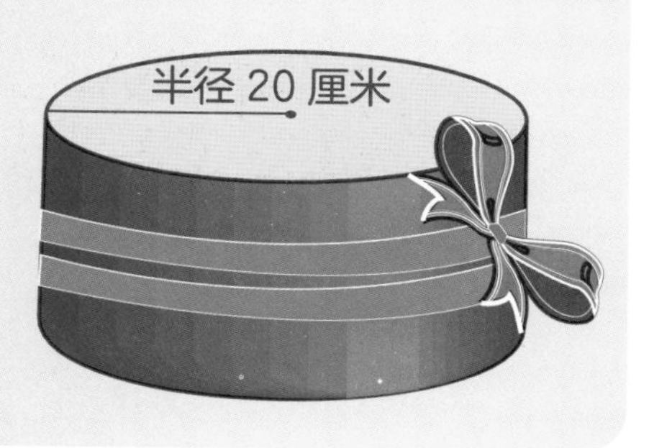

遇到大考验

❶ 比赛时，各组选手的位置安排如右图所示。

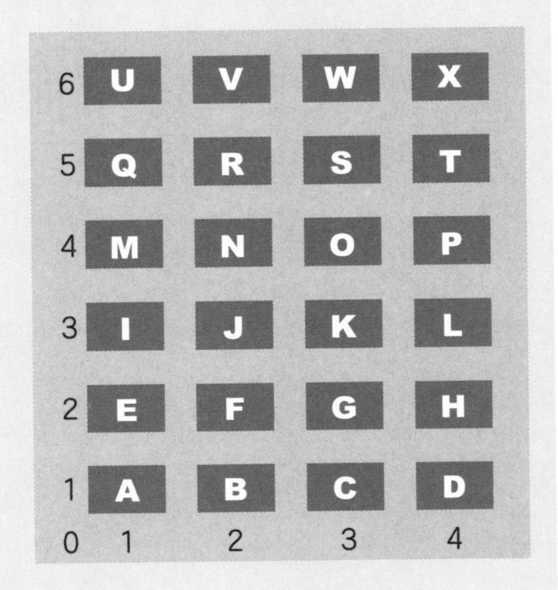

（1）东东第一场比赛的位置在M桌，也就是在第（　　）列第（　　）行，用数对表示为（　　　）。

（2）第4列第3行的位置是（　）桌。

（3）有一位高手坐在H桌，用数对表示为（　　　）。

（4）数对（1,2）与数对（2,1）表示的位置是否相同？

答：（　　　　　）

❷ 有甲、乙、丙、丁、戊5个牛舍，牛舍周围都是草地，牛舍大小、绑牛的绳长及位置如图所示，牛可以吃到草的最大面积各是多少平方米？

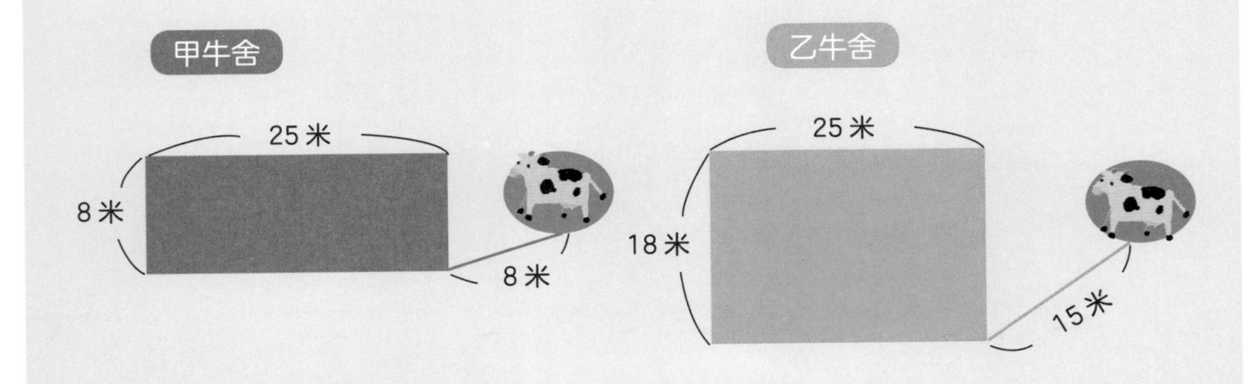

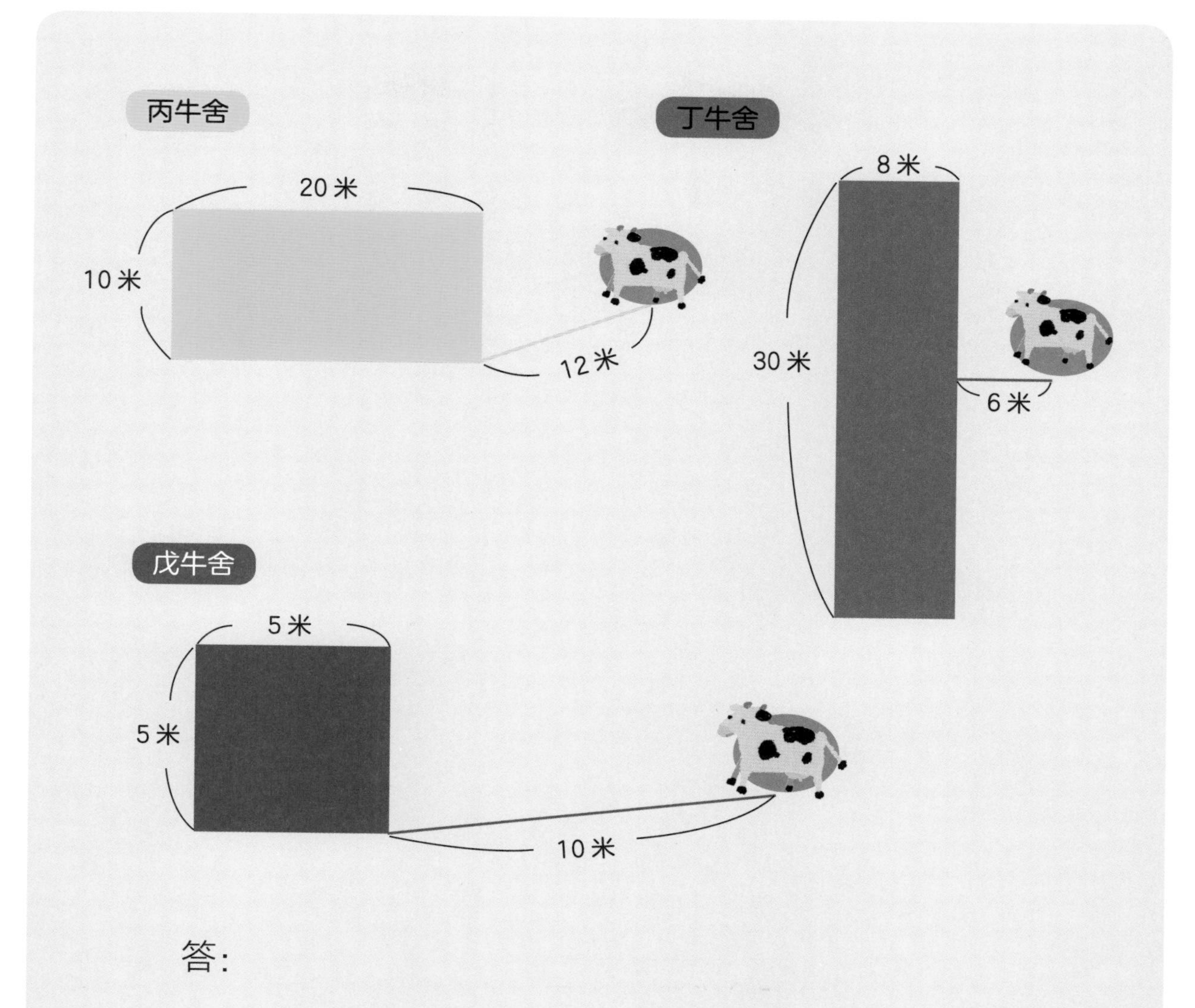

答:

小朋友，在学习这个单元的内容时，是否觉得力不从心？没关系，花点时间，复习以下内容，将使你的IQ不再打结：

★ 长度估测与实测

★ 圆及其组成要素

★ 数对

终点加油站

如果你觉得学习本单元的内容轻松、容易，没有任何负担，建议你参考以下内容，将使你的IQ获得升级：

★ 扇形及各种复合图形的应用

正方体和长方体：透视图、展开图、表面积与体积

5 潘多拉的金盒

这是一则希腊神话。

宙斯在普罗米修斯和艾皮米修斯（普罗米修斯的弟弟）的帮助下，成为宇宙最有权威的统治者。当他享有至高无上的权力后，就吩咐普罗米修斯用泥土塑造人类，并叮嘱他："人间是不能有火的，只有神才能使用火。除了火之外，其他生活必须具备的技能全部都可以教给人类。"

没有火，食物无法煮熟，天气冷的时候也没办法取暖，天黑了也不能活动，因此人类的生活在当时是十分艰苦的。仁慈的普罗米修斯为了改善人类的生活，让人类过更好的日子，决定违背宙斯的命令，偷偷盗取天上的火种，来点燃人间的火苗。

经过普罗米修斯的努力，人类总算享受到了火的温暖与光明。然而，当宙斯知道了普罗米修斯盗取火种的事情后，相当气愤，不仅将他捉到山上施以酷刑，更决定制造一个祸害来惩罚人类——潘多拉的诞生就是宙斯对人类的惩罚。

若只从外表来看，潘多拉是个人见人爱的女孩，但如果从内心深处及其行为表现来说，就不是这么一回事了，因为可怕的宙斯把许多坏习惯都注入了她的生命中。按照宙斯的阴谋，潘多拉会为人类带来许多麻烦与不幸，所以潘多拉被创造出来之后，就在宙斯的安排下由天神汉米斯带到人间，并准备将她送给艾皮米修斯。

艾皮米修斯看到潘多拉后，深深地被她的外表所吸引，因此爱上了她。这时，艾皮米修斯虽然想起哥哥普罗米修斯曾经警告过他，千万不要接受宙斯的任何礼物，但因为艾皮米修斯不敢违背宙斯的好意，加上自己也爱上了她，所以艾皮米修斯接受了潘多拉，并娶她为妻。

潘多拉来到人间的时候，宙斯曾经送给她一个金盒，并且交代她这个金盒绝对不可以打开。然而潘多拉在宙斯的精心设计下，除了为她注入善妒、贪婪等坏习惯外，也让她具备了强烈的好奇心，而人类的不幸与麻烦，就在这些刻意塑造的个性的催化下发生了。

有一天，潘多拉趁着丈夫出门，偷偷打开了金盒。结果一团烟雾冲了出来，一大群令人厌恶的精灵一拥而出。这些精灵包括疾病、瘟疫、忧伤、憎恨、灾祸、欺骗，以及其他所有的祸害。潘多拉看到以后害怕极了，虽然赶紧将盒子盖上了，但一切都已经太迟，这些病痛、灾难已经充满了整个世界，人类将生生世世都陷入痛苦中，宙斯的阴谋终于得逞了。

幸好潘多拉盖上盒子的时候，盒内还留有“希望”这个精灵，因此不管人类遭遇何种困境与灾难，它一直是人类活下去的最大支柱，这或许是潘多拉的金盒在人类遭受不幸、痛苦时，给人类唯一的安慰吧！

现在就出发

★想想看，如果潘多拉金盒的形状是长方体，请将下图中和金盒形状相同的圈起来。

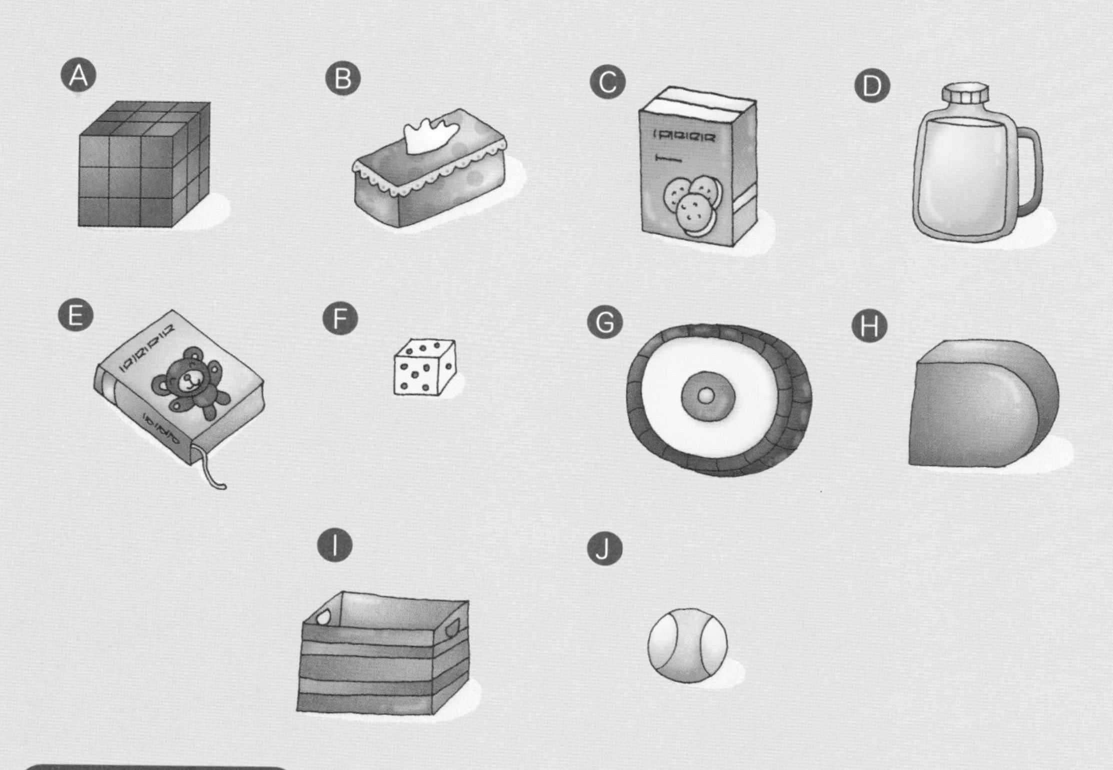

数学好好玩

学校举办“数学周”过关评量测验，其中有一个是关于立体图形的问题。东东和同组组员一起闯关，在大家通力合作下，终于顺利过关。你想知道东东在这个关卡遇到了哪些问题吗？“数学好好玩”的时间到了，拿起笔来一起算算看，就能了解哦！

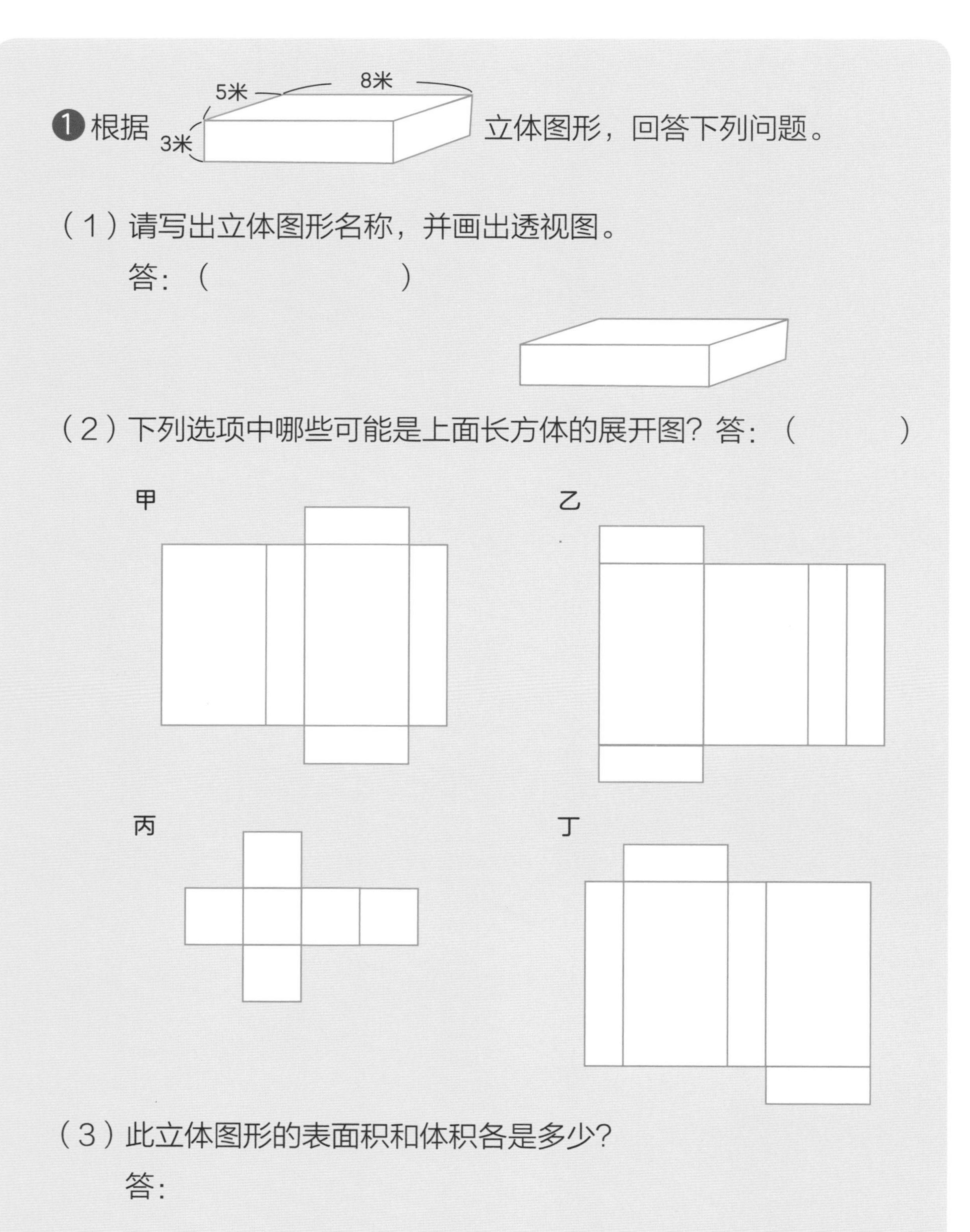

❶ 根据 立体图形，回答下列问题。

（1）请写出立体图形名称，并画出透视图。

答：（　　　　　　　）

（2）下列选项中哪些可能是上面长方体的展开图？答：（　　　　）

（3）此立体图形的表面积和体积各是多少？

答：

❷ 根据右图，回答下列问题。

（1）右图是哪种立体图形的展开图？

答：（　　　　　）

15 厘米
丁　己
丙
12 厘米
7厘米　戊　乙
甲

（2）将上图折成盒子后，哪两个面是相对的？

a.（　　　　　）面和（　　　　　）面

b.（　　　　　）面和（　　　　　）面

c.（　　　　　）面和（　　　　　）面

（3）折成盒子后，体积和表面积各是多少？

答：

❸ 算出下列各立体图形的体积。

（1）

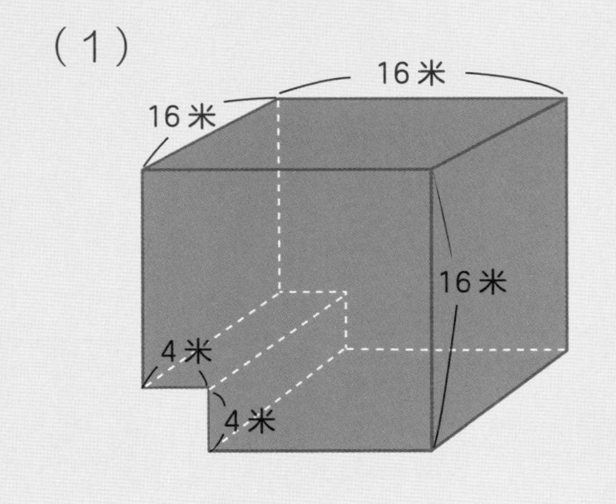

（2）

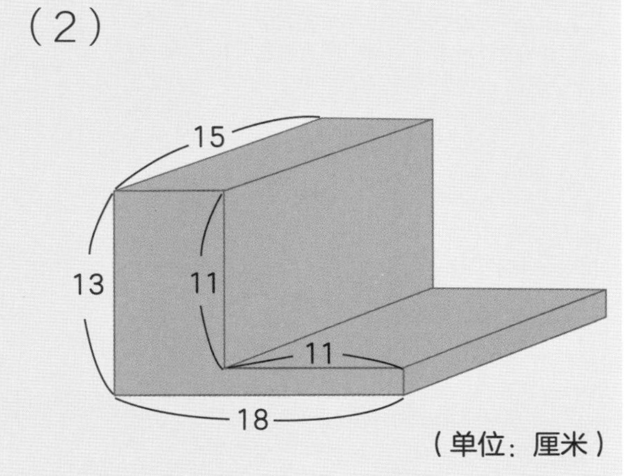

❹ 如果正方体的表面积是150平方米，那么正方体的体积是多少立方米？也就是多少立方厘米？

答：

❺ 利用6块相同的正方形拼成正方体的展开图，如果已拼完5块，剩下的1块要放在甲、乙、丙、丁中的哪一个位置才对？

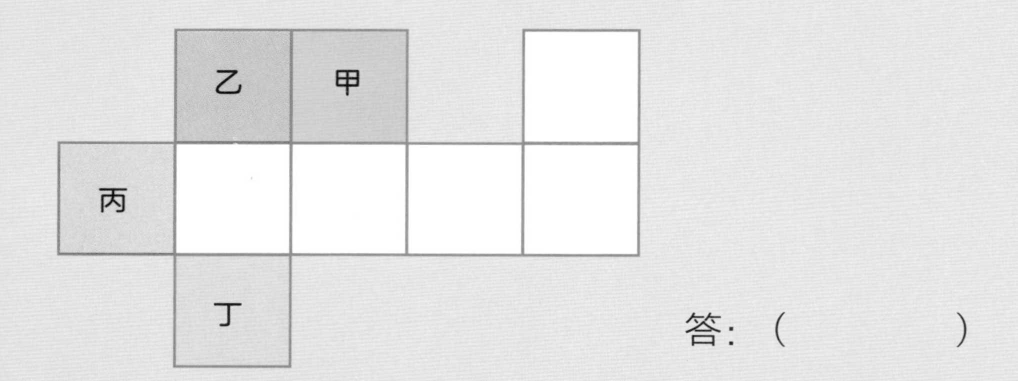

答：（　　　　）

❻ 如果长方体的体积是840立方米，已知长是14米、宽是10米，那么长方体的表面积是多少平方米？

答：

❼ 把5个边长4厘米的正方体拼在一起（如下图所示），这个立体图形的表面积是多少平方厘米？体积是多少立方厘米？

答：

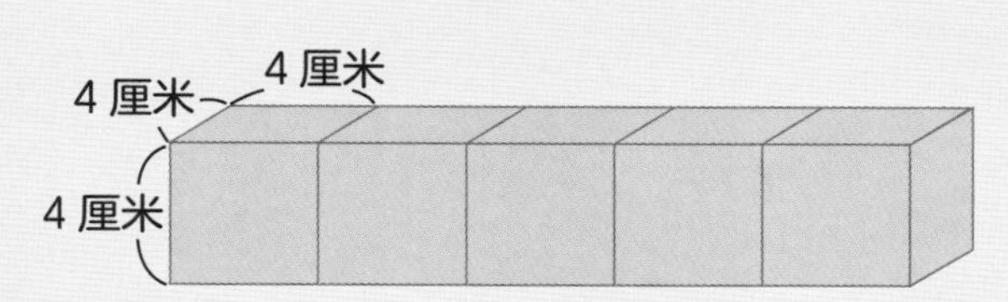

❽ 根据下列4种纸板组合，回答下列问题（单位：厘米）。

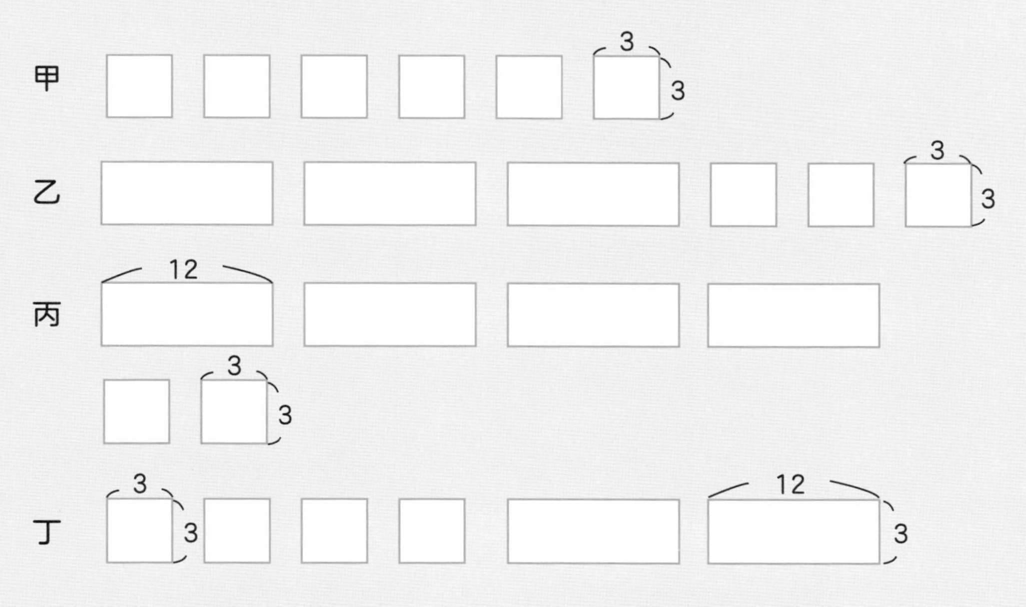

（1）哪一组纸板可以组成一个长方体？答：（　　　　　　）

（2）该长方体的体积和表面积各是多少？

答：

遇到大考验

❶ 下图是一个空心的长方体水泥柱，请算出它的表面积和体积。（单位：厘米）

答：

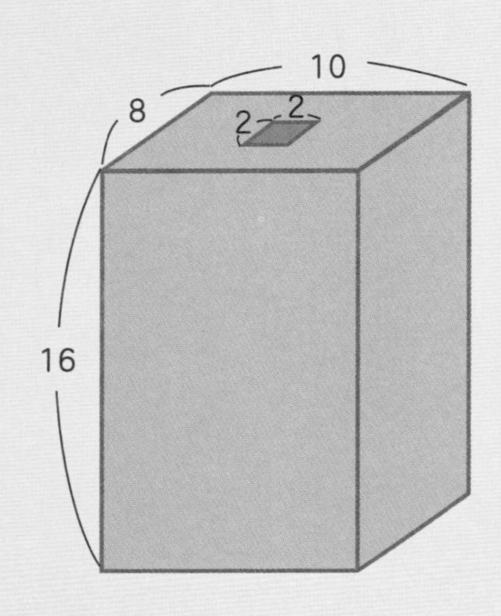

❷ 下列4种组合，可以做成长方体骨架的有哪些？（其中，○表示黏土，|表示牙签）

（1） （2）

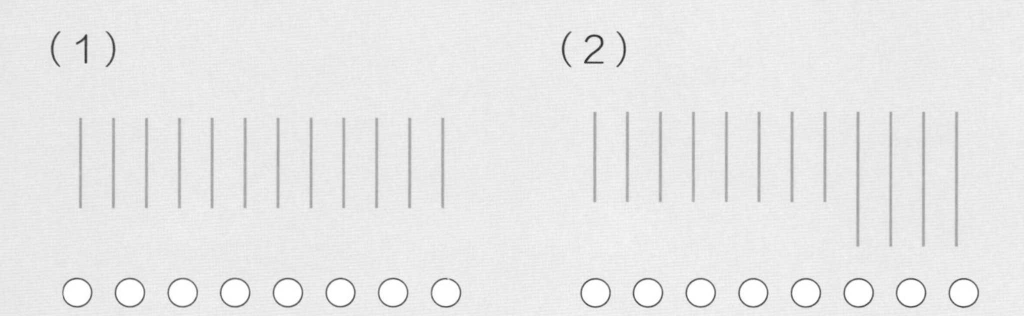

（3）

○○○○○○○○
○○○○

答：（　　　　）

（4）

○○○○○○○○

❸ 下图是由8个形状大小都相同的小正方体所组成的立体图形，如果将立体图形的6个面都涂上颜色，那么这8个小正方体有几个面被涂上了颜色？有几个面没有被涂上颜色？涂上颜色的面加起来的总面积是多少平方厘米？

答：（　　　　　　）

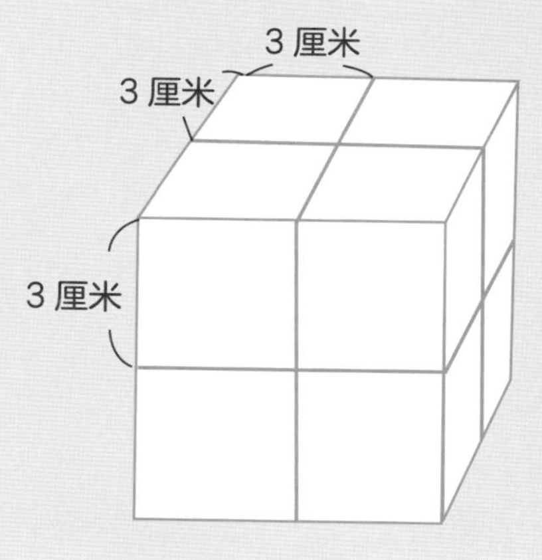

在学习这个单元的内容时，你是否觉得力不从心？没关系，花点时间，复习以下内容，将使你的IQ不再打结：

★ 长方体、正方体的组成要素

终点加油站

如果你觉得学习本单元的内容轻松、容易，没有任何负担，建议你参考以下内容，将使你的IQ获得升级：

★ 柱体、锥体的组成要素与展开图

★ 各种复合形体的问题

6 十二生肖

很久很久以前，人们不知道如何算出自己的年龄，也不清楚日子到底过了多久。玉皇大帝为了解决这个难题，想出了一个方法，决定以“十二生肖”作为年岁的代表，人们只要记住十二生肖的顺序，就能轻易地推算出年龄。

于是，玉皇大帝昭告天下，邀请所有飞禽走兽来参加天庭的“渡河比赛”，最先到达天庭的12种动物，将依序作为十二生肖的代表。这个命令一发布，动物们都兴高采烈地讨论不休，并且立刻准备前往参加，好在“十二生肖”排行榜上留名。

那时候，猫和老鼠就像亲兄弟一样，形影不离，感情很好，在得知此事之后，就决定一起参加渡河比赛。然而，它俩并不会游泳，渡河对它们而言是相当困难的。幸好，它们遇到了忠厚老实又热心助人的老牛，老牛载着它们，勇往直前，顺利地往目标迈进……

当它们快到岸边时，奸诈狡猾的老鼠忽然想：“如果能够当上十二生肖的第一名，那该有多好哇！”它眼珠一转，一个坏主意便浮现在脑海中。老鼠用力地将猫推进水里，由于猫不会游泳，掉进水里之后，只能不断地挣扎、呼喊。老鼠听到猫的呼救声，完全不顾兄弟情分，得意地大喊：“牛大哥！我们快走吧！”

之后，老鼠就钻进老牛的耳朵里休息去了。在老牛快要抵

达终点时，老鼠从牛耳朵里跑了出来，快速地往前一跳，抢先上岸。不用说，老鼠轻轻松松就赢得了第一名，而辛苦卖力的老牛，白白地被老鼠利用，只得了个第二名。

又过了一会儿，老虎、兔子、龙也游了过来，分别赢得第三名、第四名、第五名；接着，跑得太快，把脚给跑断的蛇也从草丛里钻出来，赢得第六名。不久之后，其他动物也陆陆续续到达，比赛终于进入尾声。

最后，玉皇大帝依照先前的命令，向大家宣布比赛的前十二名，分别是“鼠、牛、虎、兔、龙、蛇、马、羊、猴、鸡、狗、猪”，被选上的12种动物都很高兴，老鼠更是欣喜若狂。

当猫赶到天庭时，大家都已经散会了，所以它并未被列入排行榜。猫气得七窍生烟，立刻去找老鼠算账。而老鼠也觉得对不起猫，因此拼命逃。从此以后，猫和老鼠便结下深仇大恨，这也是猫见到老鼠就追，而老鼠见猫就躲的原因。

现在就出发

★ 写写看，如果“渡河比赛”当天的气温变化如下图所示，回答下列问题。

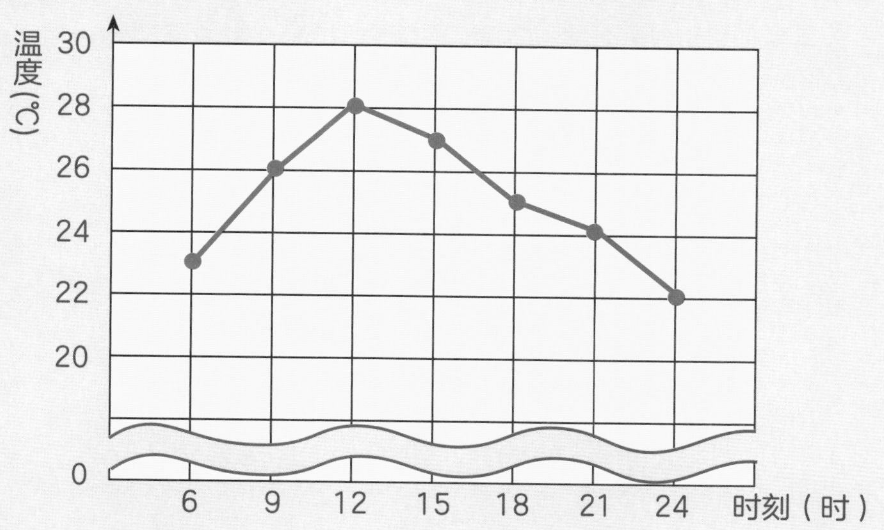

❶ 上图称为（　　　　）统计图。

❷ 依照上图完成下表。

时刻	6:00	9:00	12:00	15:00	18:00	21:00	24:00
温度（℃）							

❸ 回答下面的问题。

（1）≈≈ 符号是（　　　　　　）的意思。

（2）温度最高的时候是（　　　　　　）时，温度最低的时候是（　　　　　　）时。

（3）温度最高和最低相差（　　　　　　）℃。

（4）6时到24时的温度是先上升后下降，还是先下降后上升？

答：（　　　　　　　　）

数学好好玩

东东就读的学校在今年进行了两次选举，一次是全校的“小市长”选举，另一次是班上的劳动模范选举。东东很用心地将这两次的选举结果做了简单的统计图表分析。你们想知道这两次选举的结果吗？“数学好好玩”的时间到了，拿起笔来一起算算看，就能了解哦！

❶ 全校的“小市长”选举，得票数如下图所示，回答下面的问题。

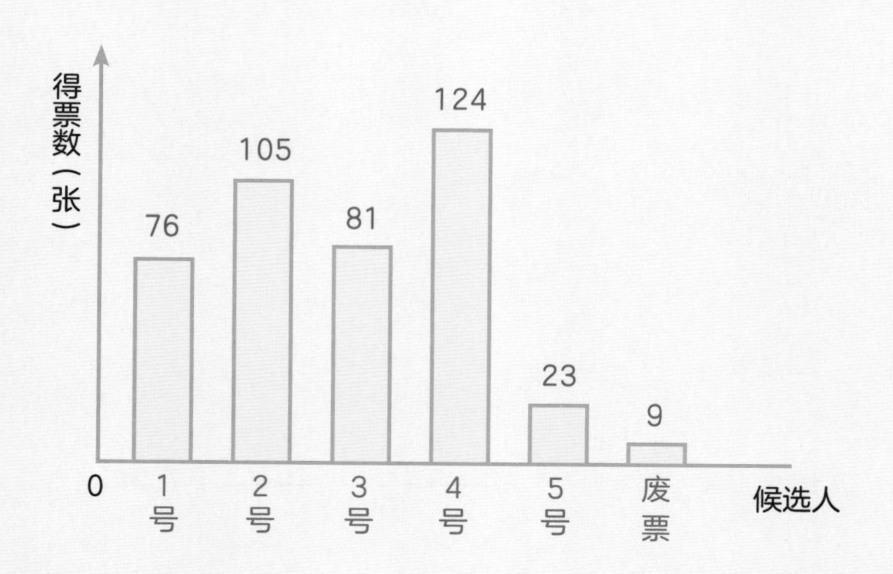

（1）1号候选人得到（　　　　）张票。

（2）有（　　　　）人投给3号候选人。

（3）得票数最多的是（　　　　）号候选人，得票数最少的是（　　　　）号候选人。

（4）得到105张票的是（　　　　）号候选人。

（5）得票数最多的两位候选人，票数合起来是（　　　　）张。

（6）得最多票数的候选人和得最少票数的候选人相差（　　　　）张票。

（7）废票有（　　　　）张。

（8）全校有（　　　　）人投票。

（9）当选的是（　　　　）号候选人。

❷ 班上的劳动模范选举。

（1）票选班上的劳动模范，得票数如下表所示，请完成表格。

学生姓名	东东	雨涵	峻贤	弘钧
计数	正正下	正	正正	正丁
得票数（张）				

（2）完成统计图。

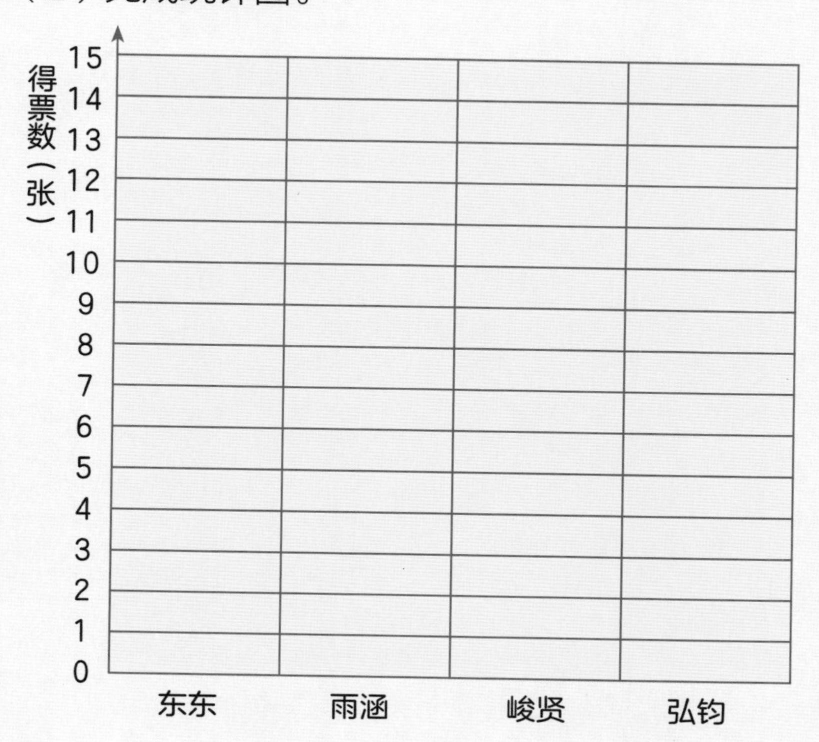

（3）算出在劳动模范选举中，各候选人得票数占全部得票数的百分之几？将百分比填入下表中。

候选人	东东	雨涵	峻贤	弘钧
得票数百分率（以四舍五入法取至整数）	%	%	29 %	%

（4）利用上表所得的结果，完成下面的圆形百分比图。

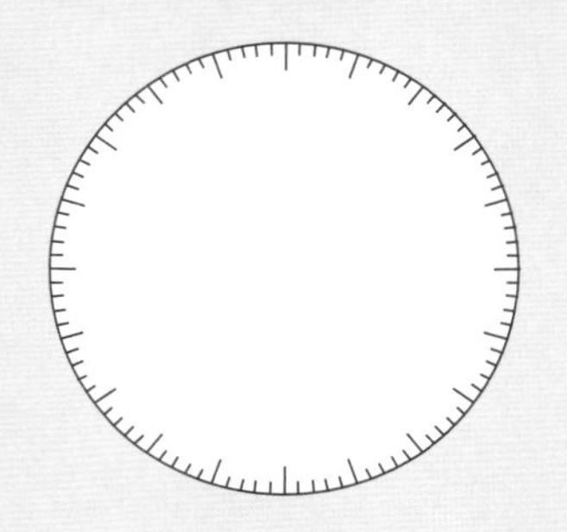

遇到大考验

❶ 以下是一家文具公司所属4家连锁店今年营业额统计表。

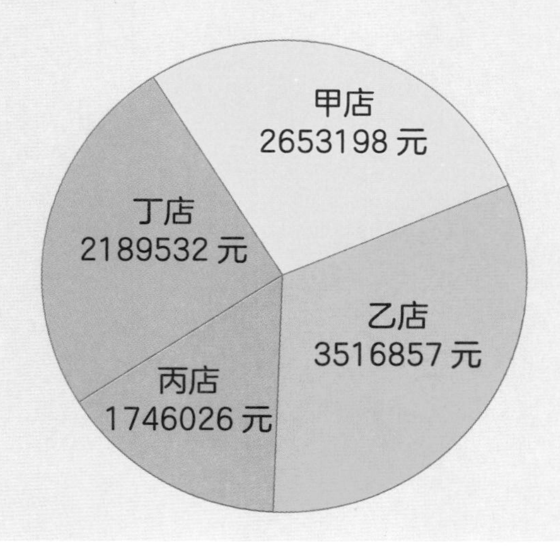

（1）甲店的营业额是（　　　　　）元。

（2）（　　　　　　）店的营业额最多，（　　　　　　）店的营业额最少，两家店相差（　　　　　）元。

（3）营业额是2189532元的是（　　　　　）店。

（4）4家连锁店在今年总营业额是（　　　　　）元。

❷ 水费每两个月计费一次。下图所示是雨涵家和佳芬家去年一整年的水费统计图。

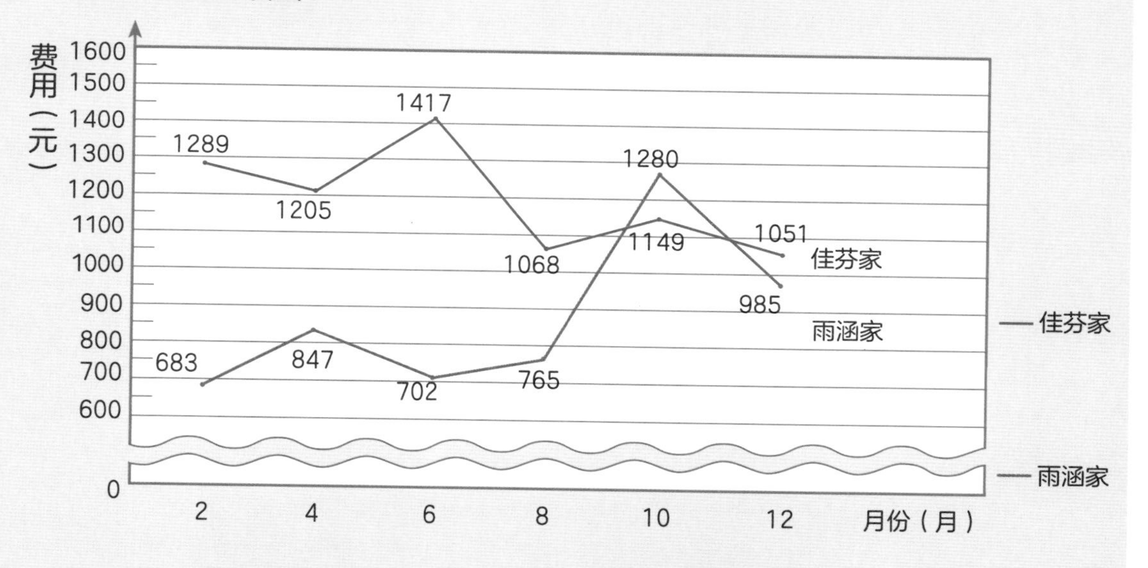

（1）雨涵家去年一整年的水费是（　　　　　）元。

（2）佳芬家缴水费最多的是（　　　）月，最少的是（　　　）月。

（3）8月份时，雨涵家和佳芬家所缴的水费相差（　　　）元。

（4）在4月缴847元水费的是（　　　　　）家。

（5）哪一个月份雨涵家所缴的水费比佳芬家多？答：（　　）月

（6）纵轴标明的是（　　　　），横轴标明的是（　　　　）。

❸ 老师对东东班上35位小朋友进行整洁评比，满分是5分，评比结果为：得到2分的有8人，得到3分的有11人，得到4分的有8人，得到5分的有4人，平均分数是3分。

（1）得到1分的有几人？

（2）根据得分情况完成下面的统计图。

终点加油站

在学习这个单元的内容时，你是否觉得力不从心？没关系，花点时间，复习以下内容，将使你的IQ不再打结：

★资料分类整理、解读各类数量大小关系

★百分比

如果你觉得学习本单元的内容轻松、容易，没有任何负担，建议你参考以下内容，将使你的IQ获得升级：

★平均数、众数、中位数

手脑并用，熟能生巧

1 买鞋记

❶ 一条绳子长650米，8条相同的绳子连起来，一共多少米？也可以说是多少千米？

❷ 有一个长方形，周长是464厘米，宽是32厘米，其面积与一正方形相等，此正方形的周长是多少厘米？

❸ 算算看，橘色部分面积是多少？

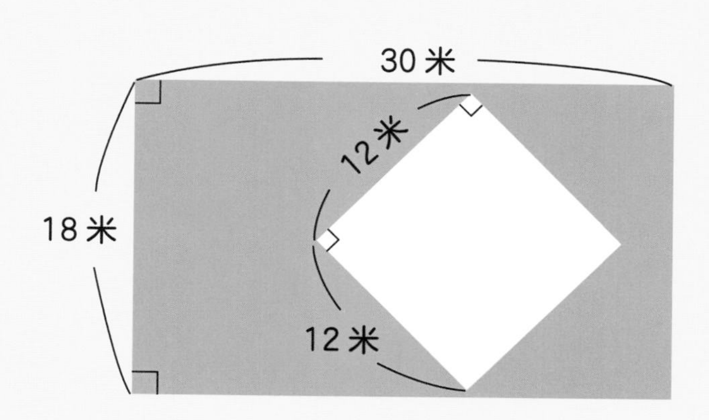

❹ 有一个梯形果园，果园中有一条宽6米的路，路以外的土地面积是多少平方米？

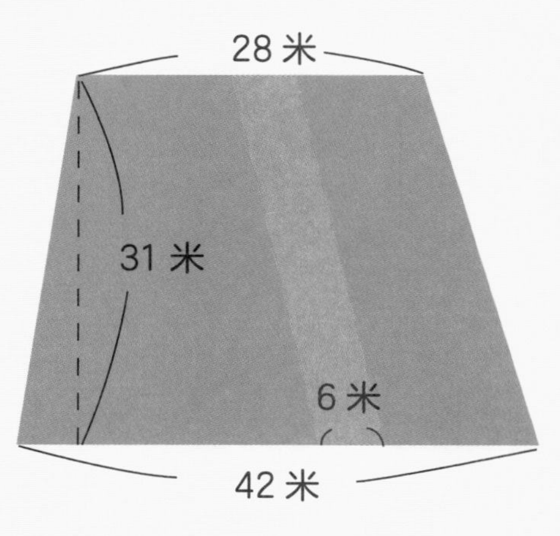

❺ 填填看。

（1）60毫米 =（　　　　）厘米

（2）7.8千米 =（　　　　）米 =（　　　　）厘米

（3）5厘米 =（　　　　）毫米

（4）0.3平方米 =（　　　　）平方厘米

（5）59000平方厘米 =（　　　　）平方米

❻ 如下图所示的两个三角形，A的面积是B面积的多少倍？

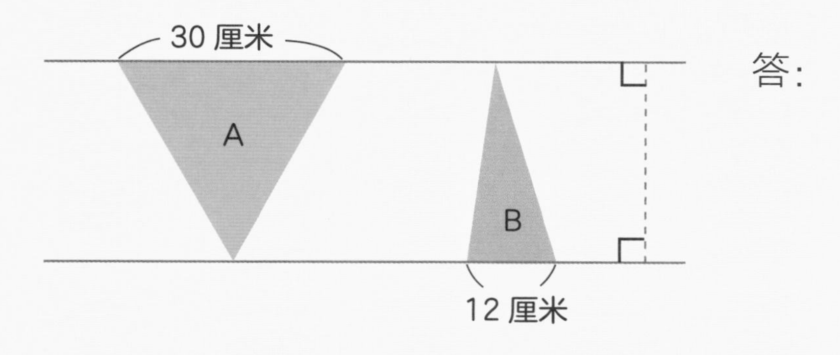

答：

❼ 请在（ ）中填入适当的长度单位。

（1）六年级小朋友的身高是167（　　　　）。

（2）操场一圈是200（　　　　）。

（3）北京到秦皇岛的距离大约是350（　　　　）。

❽ 算出黄色部分的面积。

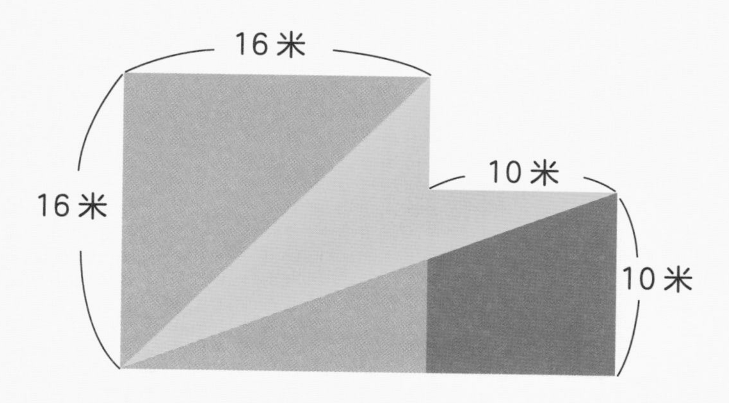

❾ 0.176千米、176毫米、17.6米，哪一个长度最长？哪一个长度最短？

❿ 算出阴影部分的面积。

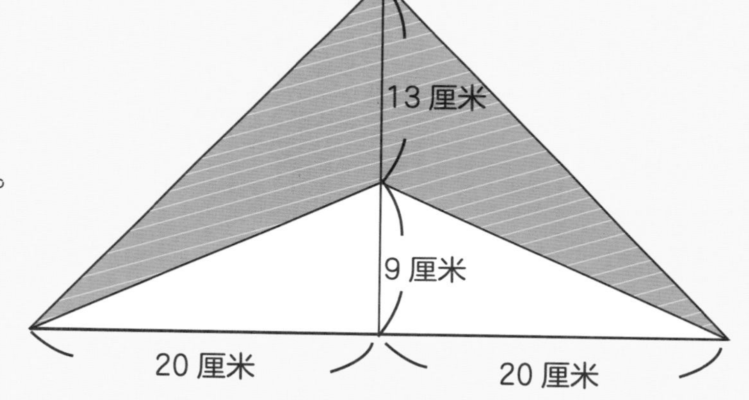

⓫ 蜗牛20米爬高比赛。已知甲蜗牛以每小时爬3米、滑落2米的速度向上爬。请问：甲蜗牛要几小时才能爬到终点？

手脑并用，熟能生巧

2 阿华先生

❶ 下列叙述中用估数表示的打○，不是用估数表示的打×。

（1）（　　）惠闵养了2只狗。

（2）（　　）这场音乐会约有3万人参加。

（3）（　　）六年三班全班共有32位学生。

（4）（　　）这个城市约有150万人。

❷ 要取一个数的估数到某位，其下一位数字等于或大于5就进位，等于或小于4就舍去的方法称为（　　　　）法。

❸ 有765443张书签，每100张装成1包，最多可装成几包？装成包的有多少张？

❹ 计算下表中的算式（保留两位小数）。

原来的数	0.425 ÷ 6.3	9.823 × 27	1.09 ÷ 0.34
四舍五入法			

❺ 将下表中的数取到亿位。

原来的数	四舍五入法
443286 万	
999765 万	

❻ 将下表中的数保留一位小数。

原来的数	38.556	0.854	5.2197
四舍五入法			

❼ 哪些整数用四舍五入法取到十位，会是760?

❽ 写写看。

（1）1包饼干卖269元，惠闵想买10包，如果以千元付账，需付几千元钞票才够?

（2）每1000个螺丝装1袋，今天生产了7497865个，最多可以装满多少袋?

❾ 六年级学生举办毕业谢师宴，参加宴会的学生有328人，老师有57人。如果一桌坐10人，最少需要多少桌所有人才能坐完?

⑩ 今年信息展入场总人数是173650人，惠闵用万人来估算，正安用千人来估算，都用四舍五入法来取估数，两人所得的结果相差多少人？

⑪ 102532344＋574337000约等于多少万？先用四舍五入法取到万位数，再计算。

⑫ 填填看。

（1）981678比较接近98万还是99万？（　　）。

（2）165.38用四舍五入法保留一位小数是（　　）。

（3）63689取估数后为64000，请问使用的是（　　）法取到千位。

手脑并用，熟能生巧

3 数学王子

❶ 选一选。

（1）54×9=（○－□）×9，请问○、□可能是下列哪一项组合？（　）

①90、26　②18、36　③85、31　④19、6

（2）在（50□25）÷5=50÷5－25÷5算式中，□应填入哪个符号？（　）

①＋　②－　③×　④÷

（3）在24＋11×（70÷14－5）算式中，应该先算哪一个部分？（　）

①24＋11　②14－10　③11×70　④70÷14

（4）1＋2＋…＋49＋50的和，可以用下列哪一个算式来表示？（　）

①（1＋50）×25　②（1＋50）×50

③50＋50×49　④1＋49×50

❷ 将12、8、4、2这4个数字填入□×□－□=□中，使算式成立（每个数字都只出现一次）。

❸ 算出$31+32+\cdots+69+70$的值。

❹ 填入+、-、×、÷，完成算式。

（1）$630 \div 7 \div 9 = 630 \div (7 \square 9)$

（2）$(3 \square 33 \square 333 \square 3333) \square 3 = 1234$

❺ 算算看。

$(24+40) \div 8 + 7 \times 9 - 5$

❻ 比一比，每小题中的甲、乙哪一个比较大?

（1）甲 $= (8 \times 9) \times 6$

乙 $= 8 \times (9 \times 6)$

答:

（2）甲 $= (96-16) \div 8$

乙 $= 96 - 16 \div 8$

答:

（3）甲 $=72.6\div4+72.6\div8$

乙 $=72.6\div(4+8)$

答：

（4）甲 $=\left(\frac{7}{12}-\frac{3}{8}\right)\times3\frac{1}{5}$

乙 $=\frac{7}{12}\times3\frac{1}{5}-\frac{3}{8}\times3\frac{1}{5}$

答：

❼ 下表中的甲有“$1\times12=3\times4$”、乙有“$0.2\times2.4=0.6\times0.8$”的规律性，如果丙、丁也有此规律性，请利用此规律性，求出A、B的值。

甲	1	3	4	12
乙	0.2	0.6	0.8	2.4
丙	$1\frac{2}{3}$	A	$\frac{4}{7}$	$\frac{1}{5}$
丁	180	$\frac{3}{5}$	B	$\frac{11}{12}$

❽ 甲、乙两式的运算结果都是错的，请在适当的位置加上（　），让这两个算式成立。

甲：$6.4+3.2\div4-2=0.4$　　　乙：$100-29+35=36$

❾ 在△＋△＋△＋□＋□＝90算式中，如果△＝24，那么□的值是多少？如果□＝15，那么△的值又是多少？

答：

❿ 甲车每小时走$5\frac{1}{10}$千米，乙车每小时走4.2千米，乙车先走$1\frac{1}{2}$小时，甲车才从后面去追，甲车要花多少小时才能追到乙车？

⓫ 回答下列问题。

（1）将一根竹竿插入水池中，水中的部分占全长的$\frac{2}{5}$，泥中的部分占水中部分的$\frac{3}{4}$，露出水面的部分是3.6米。竹竿原本有多长？

（2）将一根竹竿插入水池中，露出水面的部分占全长的$\frac{4}{9}$，只知道露出水面的长度是$2\frac{4}{18}$米，插入水中的长度是多少米？

4 象棋

❶ 要画一个圆周长是50.24厘米的圆，圆规要张开几厘米？

❷ 在长100厘米、宽40厘米的长方形纸上，截取一个最大的半圆，这个半圆最大面积是多少平方厘米？

❸ 在长60厘米、宽40厘米的长方形纸上画圆，这个圆最大的面积是多少平方厘米？

❹ 甲圆圆周长是乙圆圆周长的3倍。如果乙圆的直径是6厘米，那么甲圆的面积是多少平方厘米？

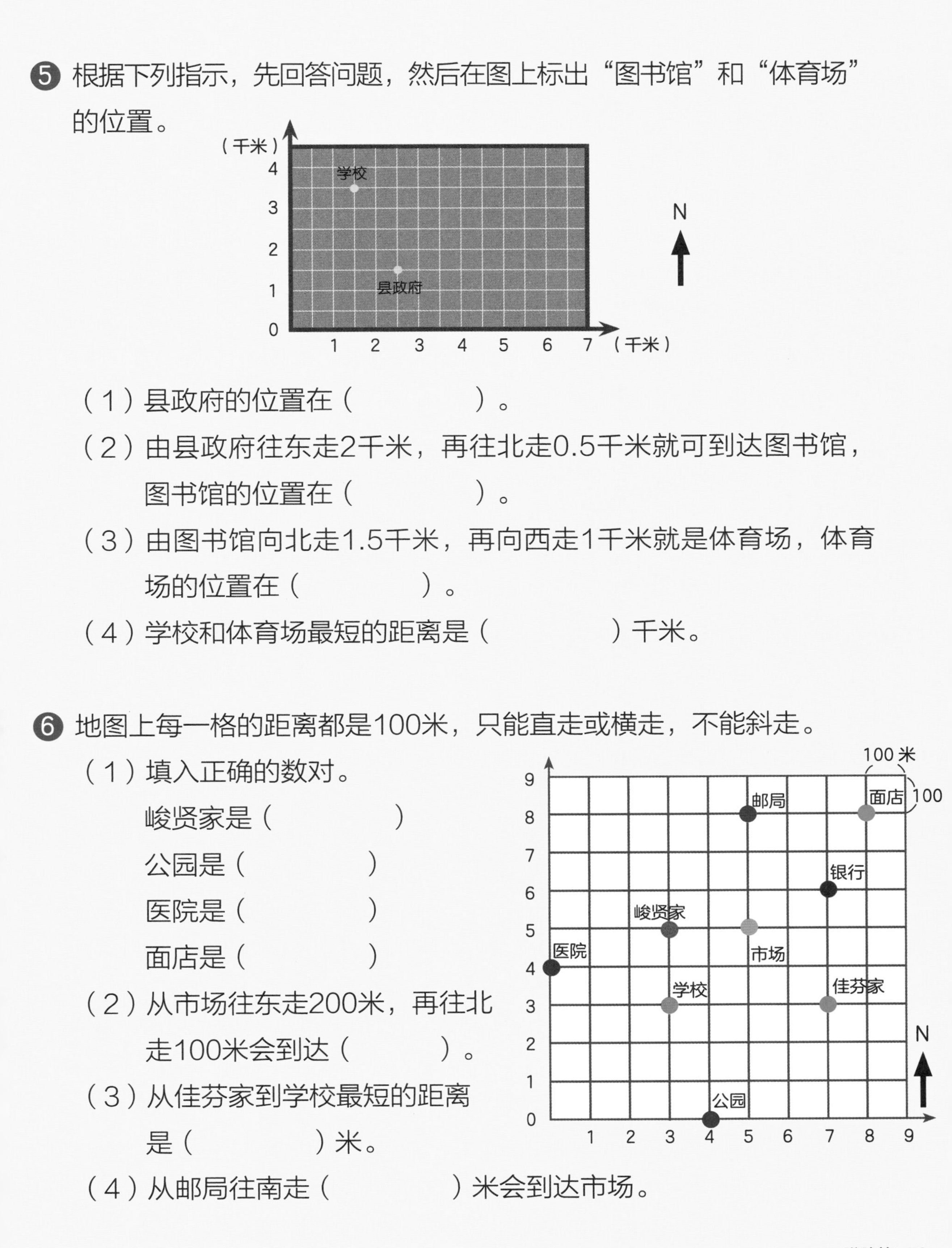

❺ 根据下列指示，先回答问题，然后在图上标出“图书馆”和“体育场”的位置。

（1）县政府的位置在（　　　　）。

（2）由县政府往东走2千米，再往北走0.5千米就可到达图书馆，图书馆的位置在（　　　　）。

（3）由图书馆向北走1.5千米，再向西走1千米就是体育场，体育场的位置在（　　　　）。

（4）学校和体育场最短的距离是（　　　　）千米。

❻ 地图上每一格的距离都是100米，只能直走或横走，不能斜走。

（1）填入正确的数对。

峻贤家是（　　　　）

公园是（　　　　）

医院是（　　　　）

面店是（　　　　）

（2）从市场往东走200米，再往北走100米会到达（　　　　）。

（3）从佳芬家到学校最短的距离是（　　　　）米。

（4）从邮局往南走（　　　　）米会到达市场。

❼ 依据班级座位表，在（　　）里填入正确的答案。

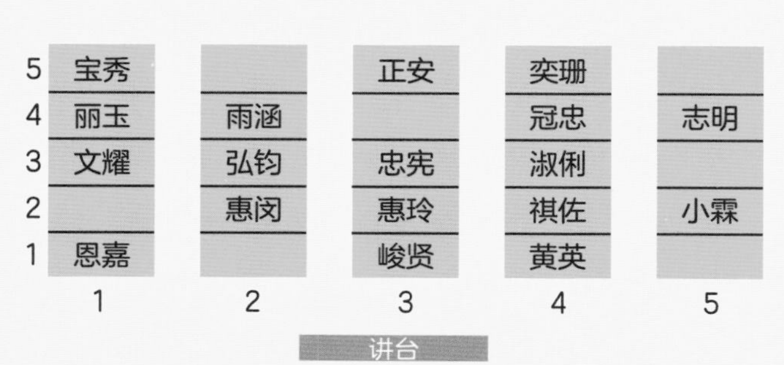

（1）惠闵的座位是在第（　　）列第（　　　）行，用数对的方式记成（　　）。

（2）淑俐的位置用数对记为（　　），表示她是坐在第（　　）列第（　　）行。

（3）坐在第3列第1行的是（　　），坐在（4，2）的是（　　）。

❽ 若从学校经过（5,2）、（6,3）、（6,4.5）、（7.5,5.5）这些点到餐厅。

（1）请按照指示，将上述数对的位置在图上标记出来，再依序把每一个数对点连起来，画出路线图。

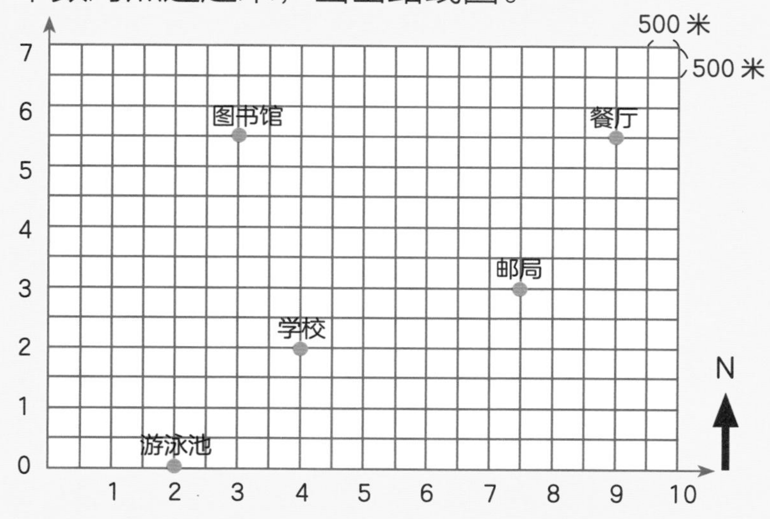

（2）如果每一格都是500米，那么图书馆与餐厅之间的最短距离是（　　　）千米。

❾ 一只蚂蚁以路线甲爬过直径到达终点，另一只蚂蚁以路线乙爬过圆弧到达终点，两只蚂蚁所走的距离相差多少厘米？

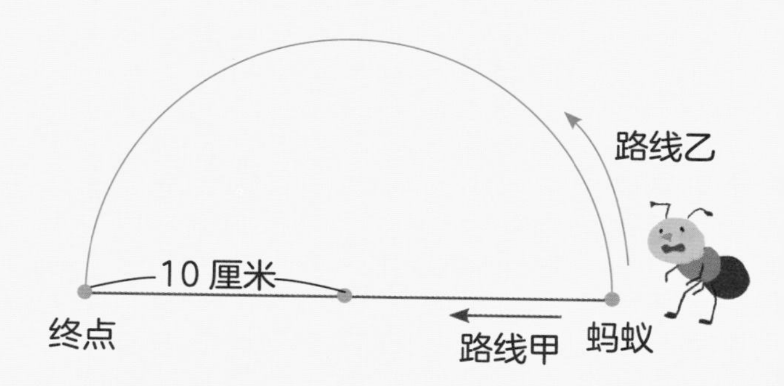

❿ 长方形内12个圆的半径都是5厘米，蓝色部分的面积是多少平方厘米？

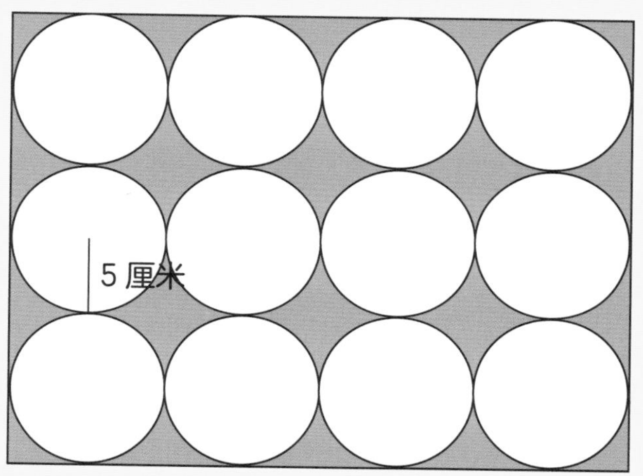

⓫ 橘色部分的面积是多少平方厘米？

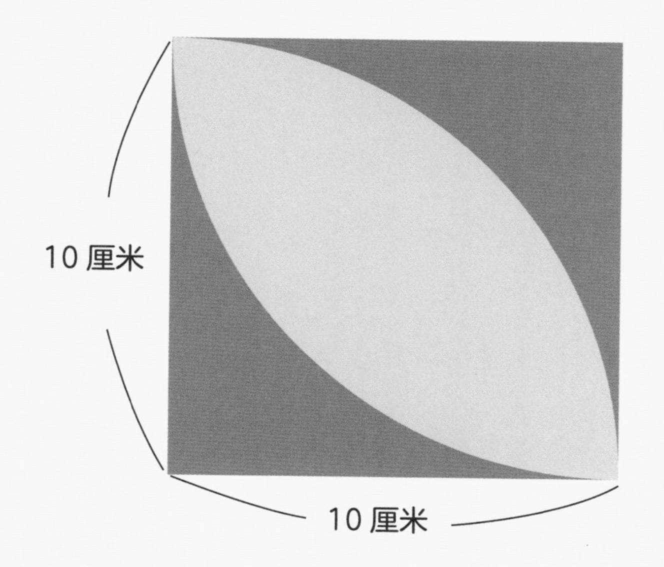

5 潘多拉的金盒

❶ 如果正方体的边长总和是180厘米，那么正方体的体积是多少立方厘米？表面积是多少平方厘米？

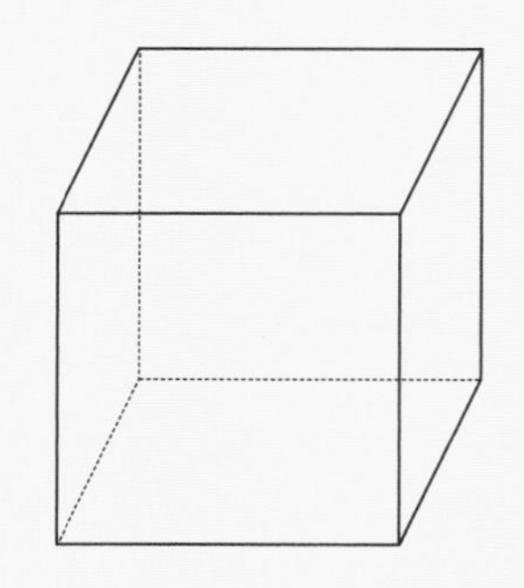

❷ 算算看。

（1）排成右图中的立体图形：

要用到A纸板（　　）块

要用到B纸板（　　）块

要用到C纸板（　　）块

要用到D纸板（　　）块

要用到E纸板（　　）块

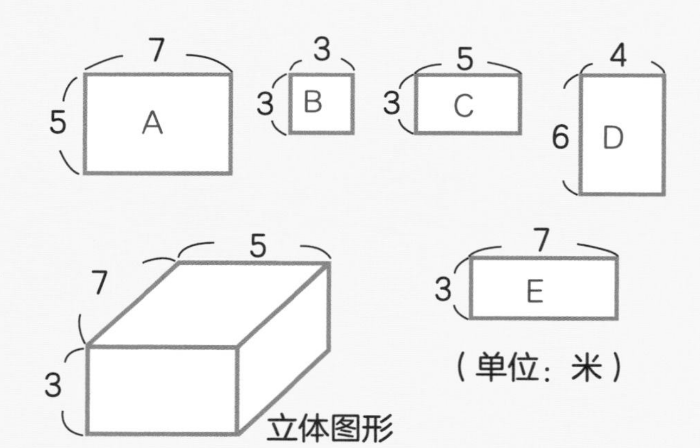

（2）立体图形的体积是多少立方米？也就是多少立方厘米？

（3）立体图形的表面积是多少平方米？也就是多少平方厘米？

❸ 下图是长方体的展开图。已知总面积是912平方厘米，甲面积是96平方厘米，乙面积是216平方厘米。请问：丙、丁、戊、己的面积各是多少？

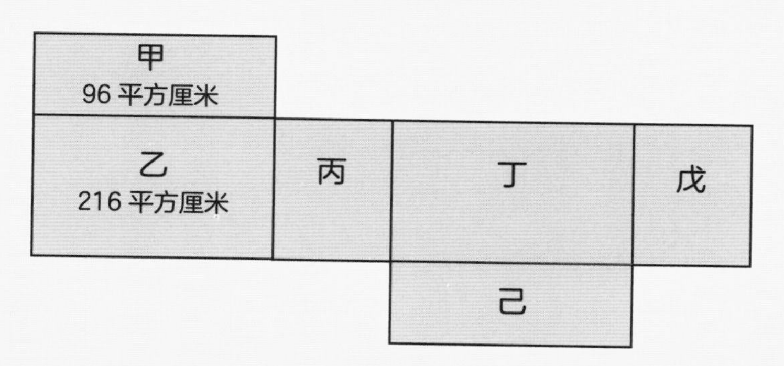

❹ 根据右边正方体的展开图，回答问题。

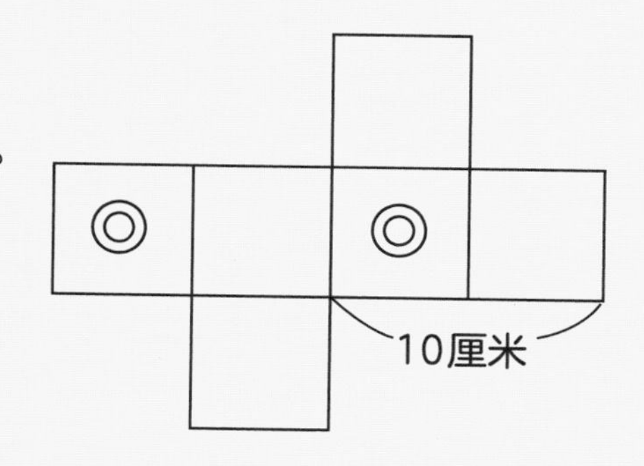

（1）折起来后会是下面哪一个图形？请在正确的图形下打√。

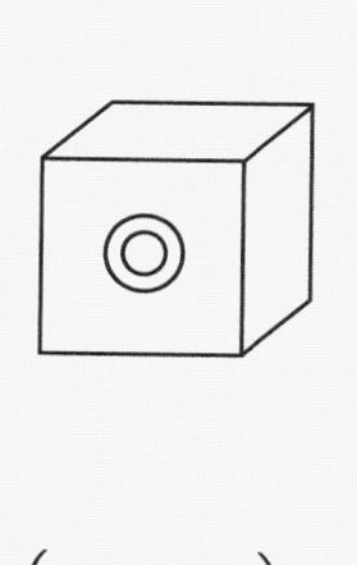
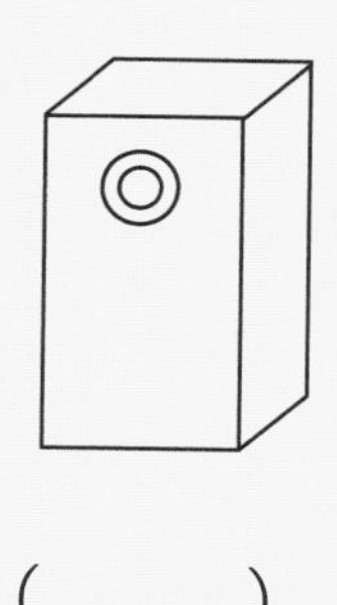
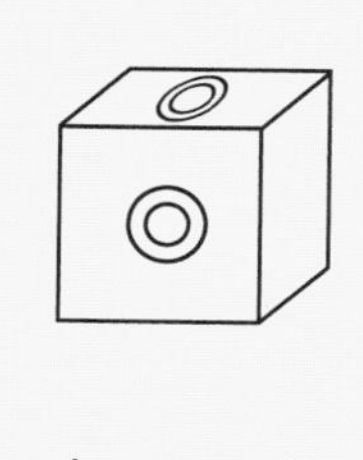

（　　）　　（　　）　　（　　）

（2）展开图的面积是多少平方厘米？

（3）折起来后的体积是多少立方厘米？

❺ 算出下面形体的体积和表面积（单位：米）。

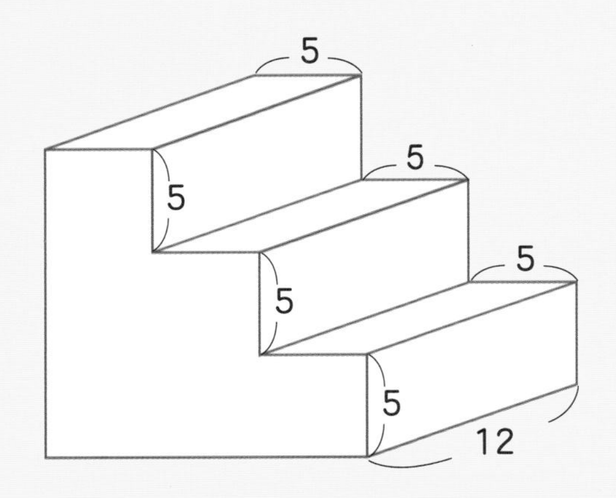

❻ 算出下面长方体展开图的面积（单位：厘米）。

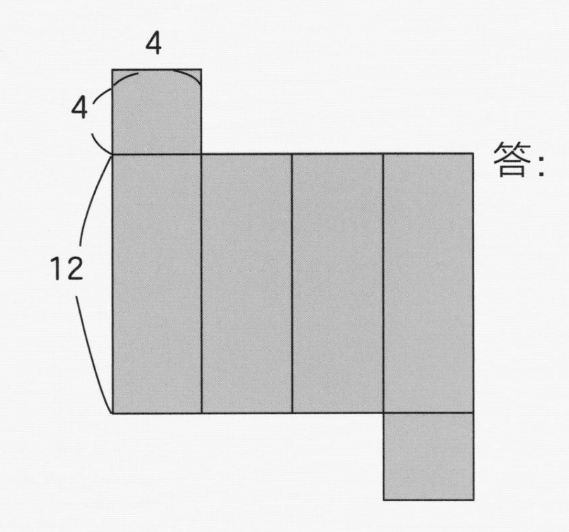

答：

❼ 甲、乙、丙3个立体图形中，哪一个体积最大？（　　）
（单位：厘米）

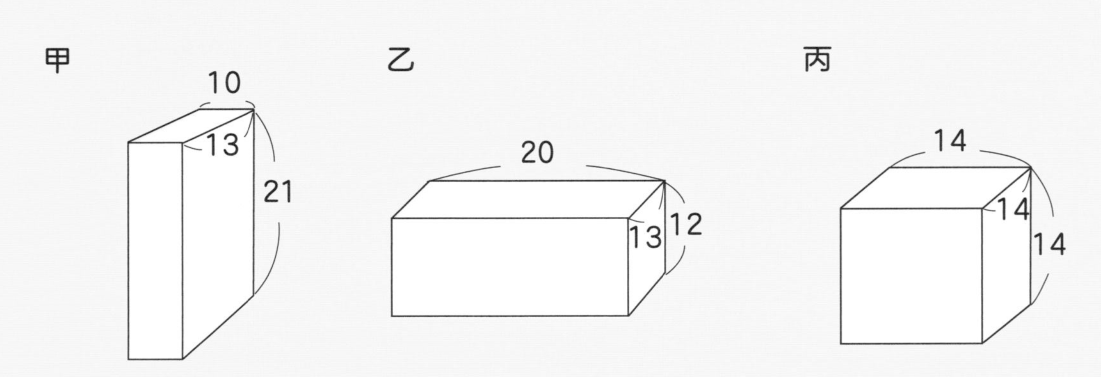

❽ 完成透视图。

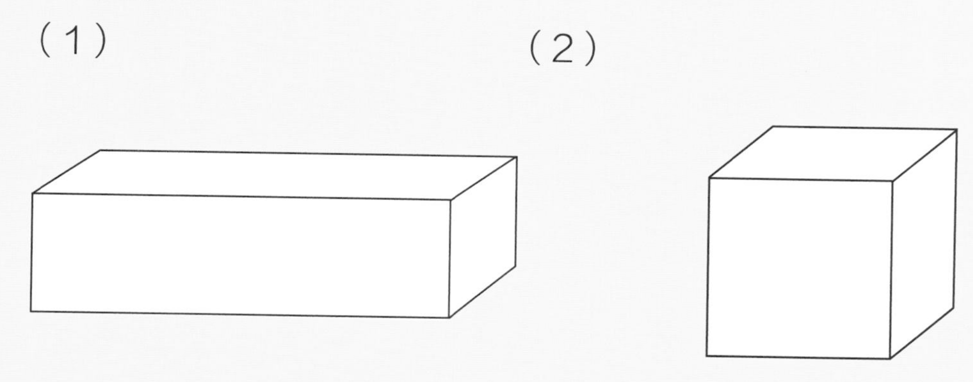

❾ 下面是长方体的展开图（单位：厘米）。

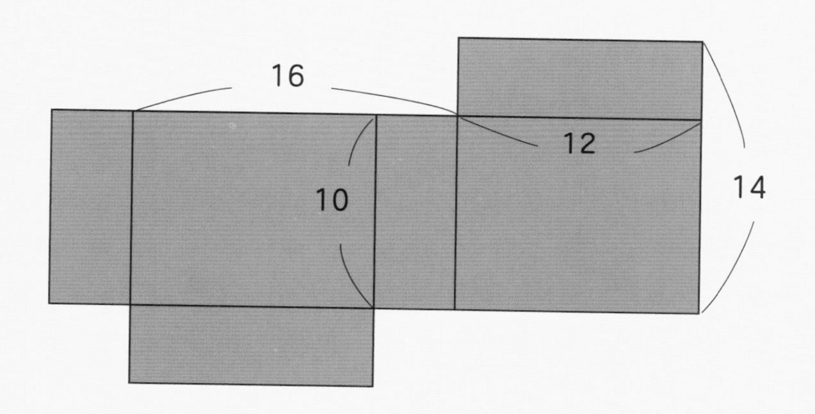

（1）利用展开图算出长方体的表面积。

（2）将展开图折起来后，长方体的体积是多少立方厘米？

进阶篇

手脑并用，熟能生巧

6 十二生肖

❶ “你好”早餐店的价目表如下：

餐点		饮料	
三明治	一份 25 元	豆浆	一碗 10 元
汉堡	一份 35 元	咖啡牛奶	一杯 25 元
蛋饼	一份 20 元	奶茶	一杯 20 元
馒头	一份 15 元	粥	一碗 15 元
煎饺（一份 10 个）	一份 30 元	果汁	一盒 30 元

（1）餐点中最便宜的是（　　　　　　）。

饮料中最贵的是（　　　　　　）。

（2）点1份三明治和1杯咖啡牛奶，一共需（　　　　）元。

（3）1碗粥比1碗豆浆贵（　　　　）元。

（4）买2种不同类型的餐点各1份，共花了65元。请问：是买了哪2种类型的餐点？答：（　　　　　　）和（　　　　　　）。

❷ 依照票价回答问题。

乌龟号票价

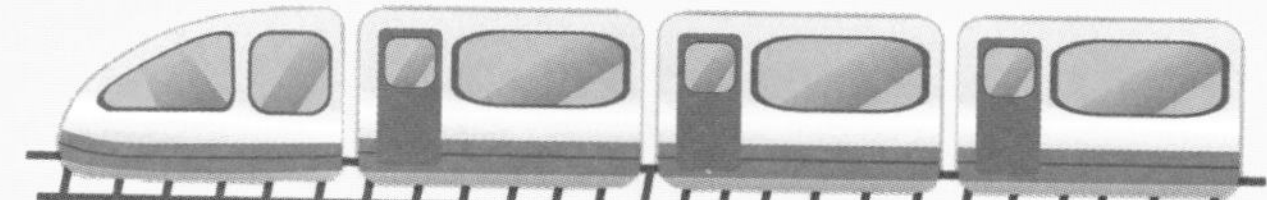

青青草原					
22	凉亭				
27	22	森林			
36	23	22	池塘		
48	34	27	22	大岩石	
52	41	32	23	22	黄昏市场

兔子号票价

青青草原					
24	凉亭				
24	24	森林			
31	24	24	池塘		
40	29	24	24	大岩石	
43	34	27	24	24	黄昏市场

（1）买5张青青草原到凉亭的乌龟号车票，共需要（　　　　）元。

（2）1张森林到（　　　　）的兔子号车票是27元。

（3）搭兔子号从凉亭到池塘来回一趟要（　　　　）元。

（4）从青青草原到黄昏市场，1张乌龟号票价比兔子号票价贵（　　）元。

❸ 下图是东东两次考试各科目成绩条形图。

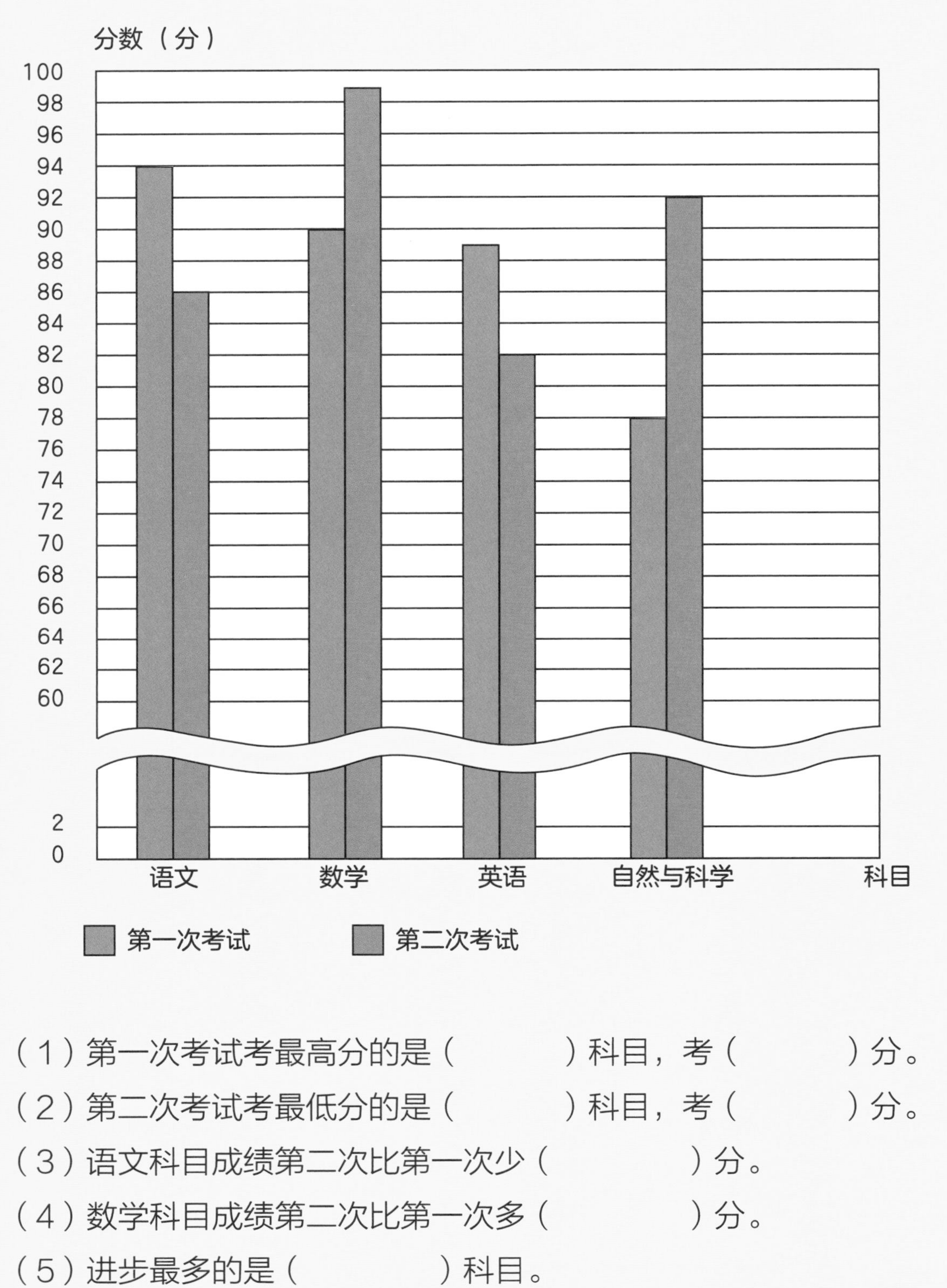

（1）第一次考试考最高分的是（　　　　）科目，考（　　　　）分。

（2）第二次考试考最低分的是（　　　　）科目，考（　　　　）分。

（3）语文科目成绩第二次比第一次少（　　　　）分。

（4）数学科目成绩第二次比第一次多（　　　　）分。

（5）进步最多的是（　　　　）科目。

❹ 下表是同等级商品各厂家的价目表。

	甲 厂	乙 厂	丙 厂	丁 厂
笔记本电脑	52000元	48000元	61000元	55500元
台式计算机	23000元	19999元	21500元	23500元

（1）哪一个厂家的笔记本电脑最便宜？答：（　　　　）厂

（2）哪一个厂家的台式计算机最贵？答：（　　　　）厂

（3）买1台丙厂的笔记本电脑和1台甲厂的台式计算机，一共需要（　　　　）元。

（4）乙厂的笔记本电脑比丁厂的笔记本电脑便宜（　　　）元。

❺ 某小区的居民共有1200人。

（1）请利用“四舍五入保留两位小数，再化成百分比”的方法，算出各年龄层分布的百分比。

年龄（岁）	0~20	21~40	41~60	61~80	81~100	合计
人数（人）	374	415	（　）	159	（　）	1200
百分比	（　）%	35%	18%	（　）%	3%	（　）%

（2）依照上表所得的结果，完成圆形百分比图。

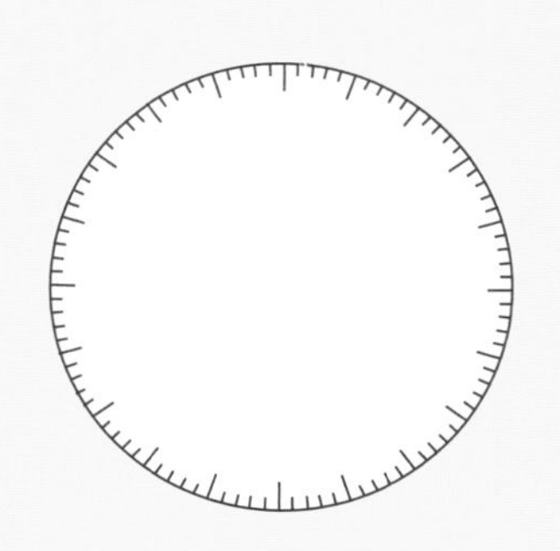

❻ 选一选。

（1）在饼图中，面积越大表示数量越（　　　）。

①少　　　②多　　　③先少后多　　　④先多后少

（2）折线图的折线先下降后上升表示（　　　）。

①先增加后减少　　　②一直增加

③先减少后增加　　　④一直减少

❼ 数学漫画杂志的订阅方式如下，1期1本杂志，1年共12期。

	新订户	旧订户
1年	1920元	1800元
赠送	一个地球仪	一件纪念衫
3年	5600元	5000元
赠送	1.一个地球仪 2.一本《数学摩天轮》	1.一个地球仪 2.一件纪念衫 3.一本《数学摩天轮》

（1）惠闵是新订户，订阅1年要付（　　　）元，可以获赠（　　　）。

（2）可以获赠2样赠品的是要订阅（　　　）年的（　　　）订户。

（3）宝秀是旧订户，订阅1年要付（　　　）元，可以获赠（　　　）。

（4）新订户订阅3年要付（　　　）元。

（5）订阅3年的旧订户比新订户便宜（　　　）元。

（6）新订户订阅1年，平均1本杂志的售价是（　　　）元；旧订户订阅1年，平均1本杂志的售价是（　　　）元。

（红色字是参考答案，黑色字是解题过程，仅供参考）

1 买鞋记

（第12～17页）

现在就出发

★（1）21.6　　（2）216

数学好好玩

❶（1）80000　（2）20000

（3）2，789，2.789

（4）29平方厘米

解题：$4\times4\div2=8$

$(8+6)\times3\div2=21$

$8+21=29$

❷（1）890000　（2）123　（3）34

❸（1）8，5　（2）2000　（3）90

（4）16

解题：$20000\times8=160000$

160000平方厘米＝16平方米

（5）1344

解题：$40\times40=1600$　$8\times8\times4=256$

$1600-256=1344$

（6）231千米253米

解题：80千米＋26千米750米＋15千米463米＋109千米40米＝231千米253米

遇到大考验

❶（1）3.5千米

解题：$1750+1750=3500$

3500米＝3.5千米

（2）2315米　解题：$950+1365=2315$

（3）从家里到书局较近，0.8千米

解题：$1750>950$

$1750-950=800$

800米＝0.8千米

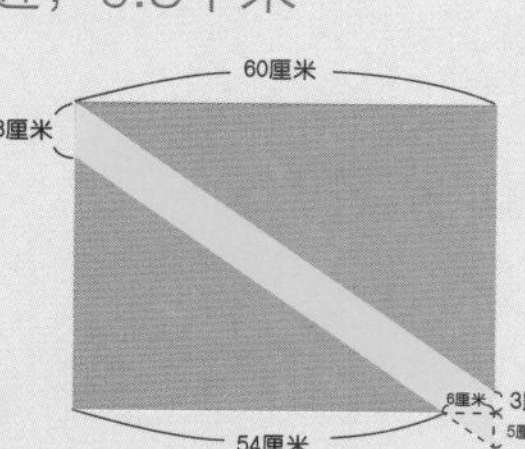

❷ 465

解题：$8\times60=480$

$8-3=5$

$60-54=6$

$6\times5\div2=15$

$480-15=465$

❸（1）5

（2）

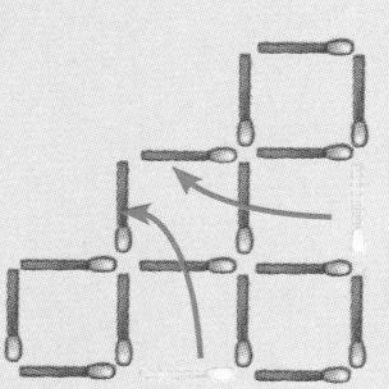

2 阿华先生

（第20～23页）

现在就出发

原来的数	294329876 取到百位	294329876 取到万位	294329876 取到百万位
四舍五入法	294329900	294330000	294000000

数学好好玩

❶（1）百

（2）万

（3）千

❷ 91.2元

解题：$547\div6=91.166\cdots$

用四舍五入法取到十分位是91.2

❸ 6000元

解题：199大约是200

31大约是30

$200\times30=6000$

❹ 29包，29000克

解题：$28512\div1000=28.512$

$28+1=29$　$1000\times29=29000$

❺

部门	营业额	估数
家电	2439875	244 万
餐饮	3987612	399 万
服饰	5012346	501 万
家具	8971290	897 万
日用品	10650298	1065 万

❻（1）11411000元

解题：2439875 ⟶ 2440000

8971290 ⟶ 8971000

2440000＋8971000＝11411000

（2）6531000元

解题：8971000－2440000＝6531000

遇到大考验

❶ 785千元

解题：25790×32＝825280

825280×0.95＝784016

784016÷1000＝784.016

784＋1＝785

❷ 5568平方米

解题：95.81用四舍五入法取到个位是96

58.38用四舍五入法取到个位是58

96×58＝5568

❸ 7349，7250

3 数学王子

（第28～31页）

现在就出发

★ 20100

解题：1＋200，2＋199，3＋198，…，

100＋101每个组合的和都是201，

共100组

所以1 ＋ 2 ＋ 3 ＋…＋199＋200的答案是（1＋200）×200÷2＝201×100＝20100

数学好好玩

❶ 50米 解题：10×（6－1）＝50

❷ 4.625千克 解题：$8\frac{1}{5}$ ＝ 8.2

（10.3＋8.2）÷4＝4.625

❸ 140元

解题：$160\times3\frac{1}{2}-120\times3\frac{1}{2}$

$=(160-120)\times3\frac{1}{2}$

$=40\times3\frac{1}{2}=140$

❹ 11元

解题：2970÷30－2200÷25

＝99－88＝11

❺ 510元

解题：（90×8＋60×5）÷2

＝（720＋300）÷2

＝1020÷2＝510

❻ 25颗

解题：20×3－（20×1.5＋5）

＝60－35＝25

❼ 14400元

解题：1200×6×2＝14400

❽ 20天

解题：（500－300）÷（20－10）

＝200÷10＝20

遇到大考验

❶ 0.2米 解题：（1.5－0.3）÷2÷3

＝1.2÷2÷3＝0.6÷3＝0.2

❷（1）÷ （2）＋ （3）× （4）×

（5）＋，＋ （6）＋ （7）÷ （8）－

（9）－ （10）÷

❸ 210个 解题：1层需要1个积木 1＝1

2层需要3个积木 3＝1＋2

3层需要6个积木 6＝1＋2＋3

4层需要10个积木 10＝1＋2＋3＋4

所以排成20层需要（1＋2＋3＋…＋20）个积木，也就是1＋2＋3＋…＋20＝（1＋20）×20÷2＝21×10＝210

4 象棋

（第36～41页）

现在就出发

★（1）将圆对折2次即可

解题：对折2次，所得折线相交的点就是圆心

（2）12.56厘米，12.56平方厘米

解题：用直尺测量后，圆半径是2厘米

圆周长 $=2\times2\times3.14=12.56$

圆面积 $=2^2\times3.14=12.56$

数学好好玩

1（1）第3列第1行　（2）同一列

（3）同一行　（4）7，8

（5）警察局，400

2（1）70米

解题：$90.1\times2=180.2$

$400-180.2=219.8$ 此为两半圆合成一圆的圆周长，

圆直径 $=219.8\div3.14=70$

（2）10153.5平方米

解题：圆半径 $=70\div2=35$

圆面积 $=35^2\times3.14=3846.5$

长方形面积 $90.1\times70=6307$

$3846.5+6307=10153.5$

3（1）（0,6），（2,6），（4,6），（6,6），（8,6）

（2）卒　（3）車

4（1）6，0，（6,0），东北，8，2，（8,2）

（2）1，9，东南，2，7

5（5,1），（5,0），（5,2）

6（7,9），（8,7）

7 277.5厘米

解题：$20\times2\times3.14=125.6$

$125.6\times2=251.2$

$251.2+26.3=277.5$

遇到大考验

1（1）1，4，（1,4）　（2）L

（3）（4,2）　（4）不相同

2（甲）150.72平方米

解题：$8^2\times3.14=200.96$

$200.96\times\frac{3}{4}=150.72$

（乙）529.875平方米

解题：$15^2\times3.14=706.5$

$706.5\times\frac{3}{4}=529.875$

（丙）342.26平方米

解题：$12^2\times3.14=452.16$

$452.16\times\frac{3}{4}=339.12$

$12-10=2$　$2^2\times3.14=12.56$

$12.56\times\frac{1}{4}=3.14$

$3.14+339.12=342.26$

（丁）56.52平方米

解题：$6^2\times3.14=113.04$

$113.04\times\frac{1}{2}=56.52$

（戊）274.75平方米

解题：$10^2\times3.14=314$

$314\times\frac{3}{4}=235.5$

$10-5=5$　$5^2\times3.14=78.5$

$78.5\div4\times2=39.25$

$235.5+39.25=274.75$

5 潘多拉的金盒

（第45～51页）

现在就出发

★

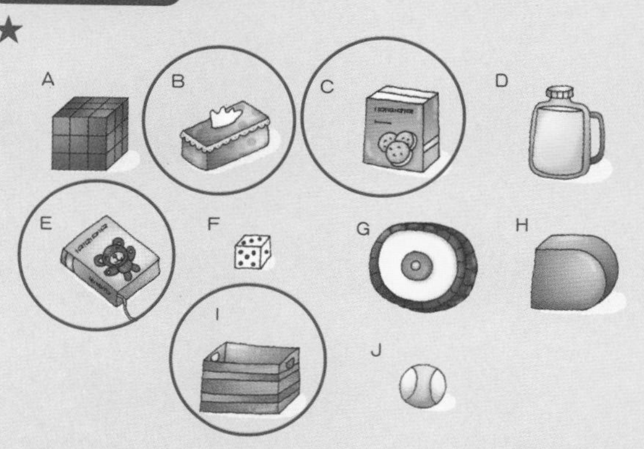

数学好好玩

❶（1）长方体

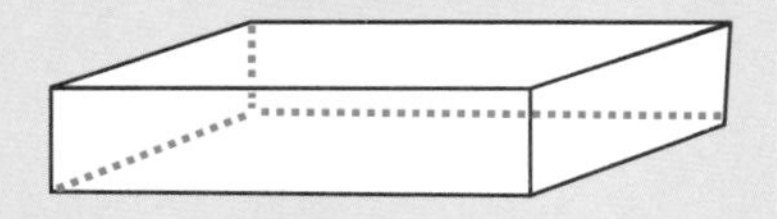

（2）甲、丁

（3）158平方米，120立方米

解题：表面积 =（8×3+3×5+8×5）×2 = 158

体积 = 8×3×5 = 120

❷（1）长方体

（2）a. 甲，丙　b. 乙，丁

c. 戊，己

（3）1260立方厘米，738平方厘米

解题：体积 =7×12×15=1260

表面积 =（7×12+12×15+7×15）×2=738

❸（1）3840立方米

解题：16×16×16=4096

4×4×16=256

4096－256=3840

（2）1695立方厘米

解题：18－11=7　15×7×13=1365

13－11=2　11×2×15=330

1365+330=1695

❹（1）125立方米，125000000立方厘米

解题：150÷6=25　25=5×5

正方体边长是5米

体积=5×5×5=125

125立方米=125000000立方厘米

❺丁

❻568平方米

解题：长方体体积=长×宽×高

高=840÷14÷10=6

表面积=（14×10+14×6+10×6）×2=568

❼352平方厘米，320立方厘米

解题：表面积：4×5=20　4×4×2=32

4×20×4=320　32+320=352

体积：4×5=20　4×4×20=320

❽（1）丙

（2）108立方厘米，162平方厘米

解题：体积=3×3×12=108

表面积=（3×12×4+3×3×2）

=144+18=162

遇上大考验

❶856平方厘米，1216立方厘米

解题：表面积

（10×16+8×16）×2=576

（10×8－2×2）×2=152

2×16×4=128

576+152+128=856

体积　10×8×16=1280

2×2×16=64

1280－64=1216

❷2，4

❸24个，24个，216平方厘米

解题：立体图形共有6个面

每个面都有4个小正方体的其中一面被涂到颜色

所以被涂到颜色的面有4×6=24，

每个小正方体都有6个面，

8个小正方体共有6×8=48

因为被涂到颜色的面有24个

所以没有被涂到颜色的面有48－24=24

3×3×24=216

6 十二生肖

（第55～60页）

现在就出发

★❶折线

❷

时刻	6:00	9:00	12:00	15:00	18:00	21:00	24:00
气温（℃）	23	26	28	27	25	24	22

❸（1）省略　（2）12，24
（3）6　（4）先上升后下降

数学好好玩

❶（1）76　（2）81　（3）4，5
（4）2　（5）229　（6）101
（7）9　（8）418　（9）4

❷（1）

学生姓名	东东	雨涵	峻贤	弘钧
画记	正正下	正	正正	正丅
得票数（张）	13	5	10	7

（2）

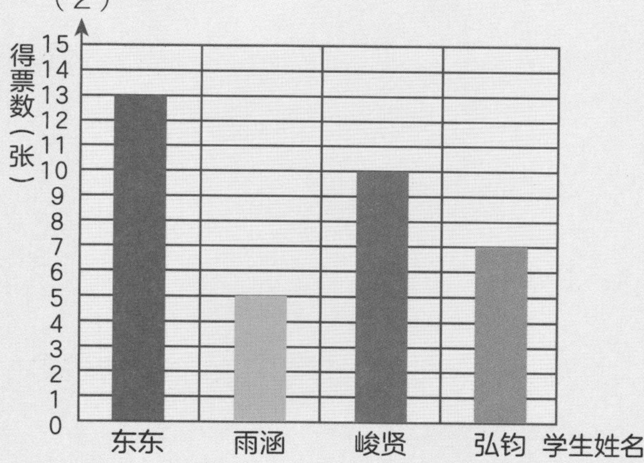

（3）

候选人	东东	雨涵	峻贤	弘钧
得票数百分率（以四舍五入法取至整数）	37 %	14 %	29 %	20 %

（4）

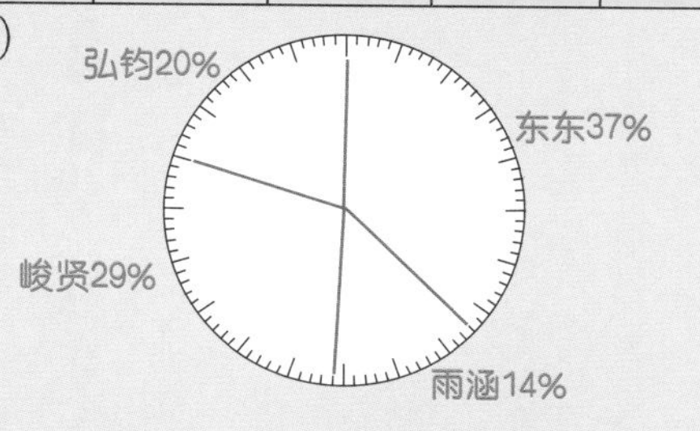

遇到大考验

❶（1）2653198
（2）乙，丙，1770831
（3）丁
（4）10105613

❷（1）5262
（2）6，12
（3）303
（4）雨涵
（5）10
（6）费用，月份

❸（1）4人
解题：因为平均是3分，
所以35位小朋友得到的总分为
$3\times35=105$　$2\times8=16$　$3\times11=33$
$4\times8=32$　$5\times4=20$
$16+33+32+20=101$
$105-101=4$　$4\div1=4$

（2）

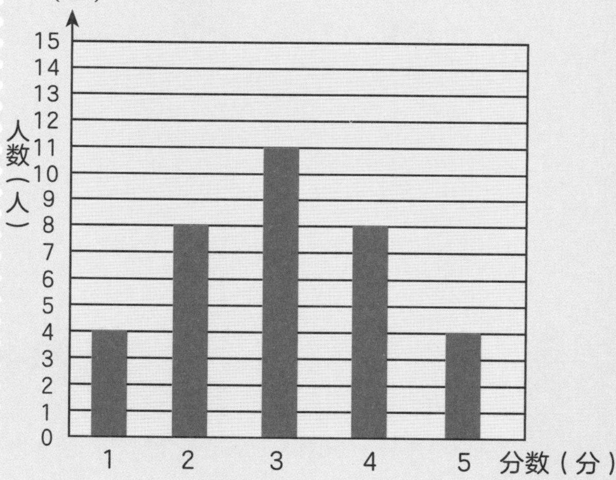

进阶篇：手脑并用，熟能生巧

1 买鞋记

❶ 5200米，5.2千米

解题：650×8＝5200（米）＝5.2（千米）

❷ 320厘米

解题：464÷2＝232　232－32＝200

200×32＝6400＝80×80

所以正方形边长是80厘米

周长＝80×4＝320

❸ 396平方米　解题：30×18＝540

12×12＝144　540−144＝396

❹ 899平方米

解题：（28＋42）×31÷2＝1085

6×31＝186　1085－186＝899

❺（1）6

（2）7800，780000

（3）50

（4）3000

（5）5.9

❻ 2.5倍　解题：因为三角形A和B的高相同，所以A面积是B面积的30÷12＝2.5（倍）

❼（1）厘米

（2）米

（3）千米

❽ 98平方米　解题：16×16＝256

10×10＝100　16×16÷2＝128

（16＋10）×10÷2＝130

256＋100－128－130＝98

❾ 0.176千米最长，176毫米最短

❿ 260平方厘米

解题：以13厘米作为斜线部分三角形的底20厘米即为此三角形的高，

由图可知左右两斜线三角形一样大

13×20÷2＝130　130×2＝260

⓫ 18小时

解题：由题意知甲蜗牛每小时向上3－2＝1米；爬了17 小时后，共爬上17米，再过1小时，往上爬3米，即可到达终点　17＋1＝18

2 阿华先生

❶（1）×

（2）○

（3）×

（4）○

❷ 四舍五入

❸ 7654包，765400张

❹

原来的数	0.425÷6.3	9.823×27	1.09÷0.34
四舍五入法	0.07	265.22	3.21

❺

原来的数	四舍五入法
443286万	44亿
999765万	100亿

❻

原来的数	38.556	0.854	5.2197
四舍五入法	38.6	0.9	5.2

❼ 755、756、757、758、759、760、761、762、763、764

解题：因为某些整数用四舍五入法取估数到十位得到760，这些整数可能的最大值是764，最小值是755。因此这些整数为755、756、757、758、759、760、761、762、763、764

❽（1）3千元

（2）7497袋

❾ 39桌　解题：328＋57＝385

385÷10＝38.5

38＋1＝39

⑩ 4000人

解题：173650用四舍五入法取到万位为170000；173650 用四舍五入法取到千位为174000；

$174000-170000=4000$

⑪ 67687

解题：102532344用四舍五入法取到万位为10253万；574337000用四舍五入法取到万位为57434万；

10253万＋57434万＝67687万

⑫（1）98万

（2）165.4

（3）四舍五入

3 数学王子

①（1）③

（2）②

（3）④

（4）①

② $8\times2-4=12$ 或 $2\times8-12=4$

③ 2020

解题：$(31+70)\times40\div2=101\times20=2020$

④（1）×

（2）＋、＋、＋、÷

⑤ 66

⑥（1）一样大

（2）乙

（3）甲

（4）一样大

⑦ $A=\frac{7}{12}$　$B=275$

解题：$A=1\frac{2}{3}\times\frac{1}{5}\div\frac{4}{7}=\frac{1}{3}\times\frac{7}{4}=\frac{7}{12}$

$B=180\times\frac{11}{12}\div\frac{3}{5}=165\times\frac{5}{3}=275$

⑧ 甲：$(6.4+3.2)\div4-2=0.4$

乙：$100-(29+35)=36$

⑨ △＝24，□＝9

□＝15，△＝20

⑩ 7小时

解题：$(4.2\times1\frac{1}{2})\div(5\frac{1}{10}-4.2)$

$=6.3\div0.9=7$

⑪（1）12米

解题：$3.6\div(1-\frac{2}{5}-\frac{2}{5}\times\frac{3}{4})$

$=3.6\div(1-\frac{2}{5}-\frac{3}{10})$

$=3.6\div\frac{3}{10}=12$

（2）$2\frac{7}{9}$米

解题：$2\frac{4}{18}\div\frac{4}{9}-2\frac{4}{18}$

$=\frac{40}{18}\times\frac{9}{4}-2\frac{4}{18}$

$=\frac{90}{18}-\frac{40}{18}=\frac{50}{18}=2\frac{14}{18}=2\frac{7}{9}$

4 象棋

① 8厘米

解题：直径＝$50.24\div3.14=16$

半径＝$16\div2=8$ 也就是圆规要张开的大小

② 2512平方厘米

解题：因为$100>40\times2$

所以半径最大是40厘米

$40^2\times3.14=5024$

$5024\div2=2512$

③ 1256平方厘米

解题：直径最大是40厘米

$40\div2=20$

$20^2\times3.14=1256$

❹ 254.34平方厘米

解题：甲圆圆周长是乙圆的3倍，所以甲圆的直径是乙圆的3倍。甲圆直径 $=6\times3=18$，甲圆半径 $=18\div2=9$

$9^2\times3.14=254.34$

❺（1）（2.5，1.5）

（2）（4.5，2）

（3）（3.5，3.5）

（4）2

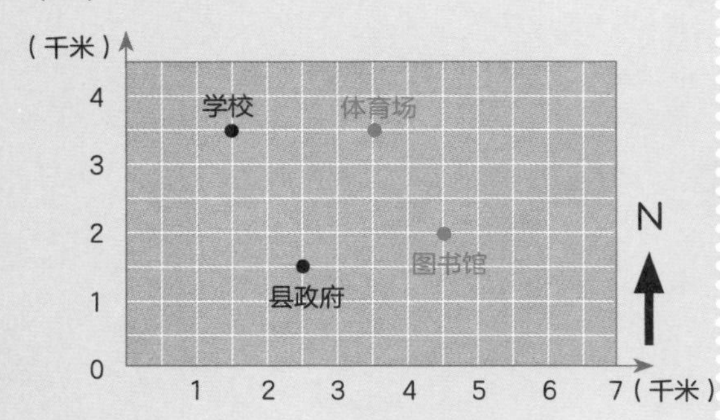

❻（1）（3,5），（4,0），（0,4），（8,8）

（2）银行

（3）400

（4）300

❼（1）2，2，（2,2）

（2）（4,3），4，3

（3）峻贤，祺佐

❽（1）

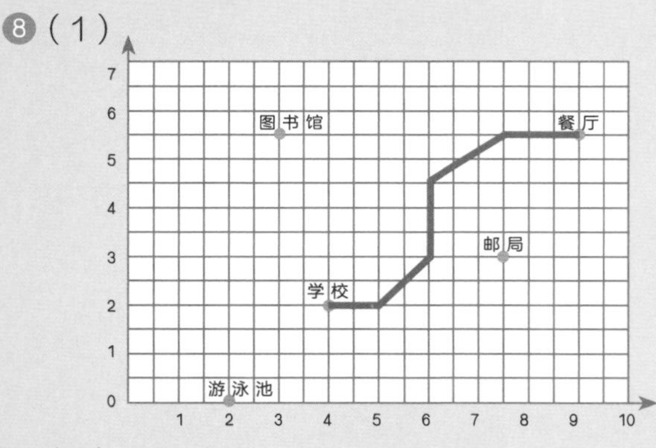

（2）6

❾ 11.4厘米

解题：甲路线 $10\times2=20$

乙路线 $10\times2\times3.14\div2=31.4$

$31.4-20=11.4$

❿ 258平方厘米

解题：长方形面积 $=40\times30=1200$；

1个圆面积 $=5^2\times3.14=78.5$；

12个圆面积 $=78.5\times12=942$；

蓝色部分面积 $=1200-942=258$

⓫ 43平方厘米

解题：$10\times10=100$

$10^2\times3.14\times\frac{1}{4}=78.5$

$78.5\times2-100=57$

$100-57=43$

5 潘多拉的金盒

❶ 3375立方厘米，1350平方厘米

解题：正方体有12个边　$180\div12=15$

$15\times15\times15=3375$

$15\times15\times6=1350$

❷（1）2，0，2，0，2

（2）105立方米，105000000立方厘米

解题：$3\times5\times7=105$立方米

105立方米＝105000000立方厘米

（3）142平方米，1420000平方厘米

解题：$(3\times5+5\times7+3\times7)\times2=142$

142平方米＝1420000平方厘米

❸ 丙＝144平方厘米

丁＝216平方厘米

戊＝144平方厘米

己＝96平方厘米

解题：甲面积＝己面积＝96平方厘米

乙面积＝丁面积＝216平方厘米

丙和戊加起来的面积是 $912-(96+216)\times2=288$

丙面积＝戊面积＝$288\div2=144$

❹（1）［图］（√）

（2）150平方厘米

解题：10÷2=5　5×5×6=150

（3）125立方厘米

解题：10÷2=5　5×5×5=125

❺ 体积是1800立方米，表面积是1020平方米

解题：体积：5×5×12×6=1800

表面积：5×5×6×2=300

5×12×12=720

300+720=1020

❻ 224平方厘米

解题：4×4×2=32

4×12×4=192

32+192=224

❼ 乙

解题：甲 10×13×21=2730

乙 20×13×12=3120

丙 14×14×14=2744

3120>2744>2730

❽（1）　（2）

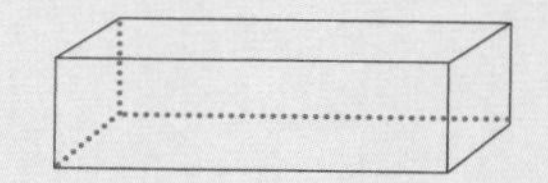

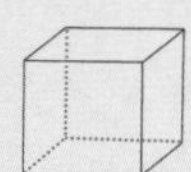

❾（1）416平方厘米

解题：（12×10+10×4+12×4）×2

=416

（2）480立方厘米

解题：12×10×4=480

6 十二生肖

❶（1）馒头，果汁（2）50

（3）5　（4）汉堡，煎饺

❷（1）110　（2）黄昏市场

（3）48　（4）9

❸（1）语文，94　（2）英语，82

（3）8　（4）9

（5）自然与科学

❹（1）乙　（2）丁

（3）84000　（4）7500

❺（1）

年龄（岁）	0~20	21~40	41~60	61~80	81~100	合计
人数（人）	374	415	216	159	36	1200
百分比	31%	35%	18%	13%	3%	100%

（2）

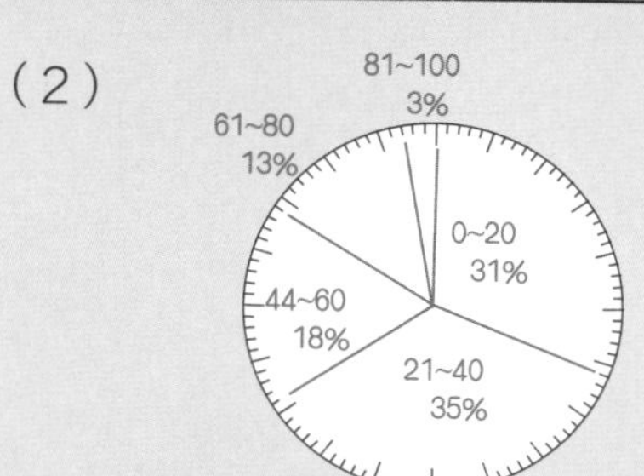

❻（1）❷　（2）❸

❼（1）1920，一个地球仪

（2）3，新

（3）1800，一件纪念衫

（4）5600

（5）600

（6）160，150

版权贸易合同登记号　图字：01-2018-7635

图书在版编目（CIP）数据

数学可以这样学. V，数学任意门/沙永玲主编；陈文炳著；胡瑞娟绘. —北京：电子工业出版社，2019.11

ISBN 978-7-121-37378-7

Ⅰ.①数…　Ⅱ.①沙…　②陈…　③胡…　Ⅲ.①数学–少儿读物　Ⅳ.①O1-49

中国版本图书馆CIP数据核字（2019）第199755号

责任编辑：刘香玉
特约编辑：刘红涛
印　　刷：北京尚唐印刷包装有限公司
装　　订：北京尚唐印刷包装有限公司
出版发行：电子工业出版社
　　　　　北京市海淀区万寿路173信箱　邮编：100036
开　　本：787×1092　1/16　　印张：27.5　字数：523.2千字
版　　次：2019年11月第1版
印　　次：2019年11月第1次印刷
定　　价：149.00元（全5册）

凡所购买电子工业出版社图书有缺损问题，请向购买书店调换。若书店售缺，请与本社发行部联系，联系及邮购电话：（010）88254888，88258888。

质量投诉请发邮件至zlts@phei.com.cn，盗版侵权举报请发邮件至dbqq@phei.com.cn。

本书咨询联系方式：（010）88254161转1826，lxy@phei.com.cn。